职业素养

主　编　邢筱梅　戚　健
副主编　曹墨盈　陶　琳　张　艳
　　　　孟得娟　吴　琼　高金宝
主　审　杨　正

北京理工大学出版社
BEIJING INSTITUTE OF TECHNOLOGY PRESS

内 容 简 介

本书共十一个项目,以学生应具备的素养为本位,围绕相应的实训任务,引导学生通过任务学习,将职业素养内化于心、外化于形,达到"润物细无声"的教育效果。

本书既可作为培养高职高专院校大学生的素质教育教材,也可作为岗前培训、职工培训教材和参考用书。

版权专有　侵权必究

图书在版编目(CIP)数据

职业素养 / 邢筱梅,戚健主编. --北京:北京理工大学出版社,2023.6
ISBN 978-7-5763-2472-3

Ⅰ. ①职… Ⅱ. ①邢… ②戚… Ⅲ. ①职业道德-职业教育-教材 Ⅳ. ①B822.9

中国国家版本馆 CIP 数据核字(2023)第 106993 号

出版发行 /	北京理工大学出版社有限责任公司
社　　址 /	北京市海淀区中关村南大街 5 号
邮　　编 /	100081
电　　话 /	(010)68914775(总编室)
	(010)82562903(教材售后服务热线)
	(010)68944723(其他图书服务热线)
网　　址 /	http://www.bitpress.com.cn
经　　销 /	全国各地新华书店
印　　刷 /	河北盛世彩捷印刷有限公司
开　　本 /	787 毫米×1092 毫米　1/16
印　　张 /	14.5
字　　数 /	272 千字
版　　次 /	2023 年 6 月第 1 版　2023 年 6 月第 1 次印刷
定　　价 /	42.00 元

责任编辑 /	时京京
文案编辑 /	时京京
责任校对 /	周瑞红
责任印制 /	施胜娟

图书出现印装质量问题,请拨打售后服务热线,本社负责调换

前 言

　　党的二十大报告中指出:"培养什么人、怎样培养人、为谁培养人是教育的根本问题。育人的根本在于立德。"教育部在《关于提高高职教育教学质量的若干意见》中提出:"高等职业院校要坚持育人为本,德育为先,把立德树人作为根本任务。重视培养学生的诚信品质、敬业精神、团队精神和责任意识、遵纪守法意识,培养出一批高素质的技能型人才。"

　　高等职业教育是一种以培养生产、建设、管理、服务第一线需要的高技能专门人才为目标的高等教育类型,以立德树人为根本任务的人才培养是高等职业教育的使命,培育职业素养是高等职业教育的第一要务。这就是说,高等职业院校培养出的人才不仅要有高超的技能,而且要有深厚的素养,要二者兼备。高等职业教育的人才培养目标决定了高等职业院校必须重视对学生职业基本素养的培育。高等职业教育培养出的学生不仅要"成才",更要"成人"。

　　本书正是编者结合社会需要和企业用人需求,为职业院校学生编写的旨在提升学生职业素养的基础教材,借以帮助学生顺利地从校园人成长为一名优秀的职业人。

　　本书在编写过程中力求突出以下几个方面的特色:

　　一是内容全面充实。书中内容涉及感恩教育、责任感教育、礼仪、沟通、团队等多个方面,全方位提高学生的基本素养和能力。

　　二是案例丰富新颖。书中使用了大量生动活泼、发人深省的案例,其中很多是编者结合学生校园、职场的学习、生活和工作实际编写的,针对性和指导性较强。

　　三是力求知行合一。在每个任务后面都设计了"任务训练"环节,帮助学生在活动中体验,在体验中总结,在总结中升华。

　　本书主要包括选择职业目标、学习职业礼仪、锻炼表达能力、掌握时间管理、学会有效沟通、讲求团队协作、提高管理素养、提升抗压能力、树立诚信意识、培养感恩心态、养成友善品格共十一个项目,每个项目又有分任务,任务下设有"任务案例""任务启示""任务训练"等内容。本书语言活泼、通俗易懂,具有较强的可读性。

　　本书由河北能源职业技术学院杨正担任主审;河北能源职业技术学院邢筱梅、戚健担

任主编;河北能源职业技术学院曹墨盈、陶琳、张艳、孟得娟、吴琼,河北工业职业技术大学高金宝担任副主编。具体分工:邢筱梅编写项目六、项目七、项目八、项目九、项目十、项目十一,戚健编写项目二,曹墨盈编写项目一、项目三、项目五,张艳、陶琳、孟得娟、吴琼、高金宝共同编写项目四。河北能源职业技术学院邢筱梅完成本书的统稿工作。

由于编者水平有限,书中难免有待商榷之处,敬请读者批评指正。

编 者

目　录

项目一　选择职业目标 ·· 1
　　任务一　有目标，才能成功 ··· 1
　　任务二　选择目标，明确努力方向 ··· 7

项目二　学习职业礼仪 ·· 16
　　任务一　职业礼仪，进入职场的必修课 ··· 16
　　任务二　工作场合，要注重服饰礼仪 ··· 31

项目三　锻炼表达能力 ·· 37
　　任务一　书面表达，不可或缺的一种表达能力 ··· 37
　　任务二　口语表达，不可或缺的另一种表达能力 ··· 55

项目四　掌握时间管理 ·· 63
　　任务一　高效学习，告别低效努力 ·· 63
　　任务二　走出误区，遵守时间管理原则 ··· 73

项目五　学会有效沟通 ·· 84
　　任务一　沟通让工作和生活更美好 ·· 84
　　任务二　有效沟通是一种能力 ·· 94

项目六　讲求团队协作 ·· 110
　　任务一　团队的力量 ··· 110
　　任务二　培养团队精神，打造高效团队 ··· 121

项目七　提高管理素养 ·· 136
　　任务一　学会适应职场 ··· 136

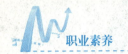

  任务二 学会管理自我 ………………………………………………………… 149

项目八 提升抗压能力 … 163
  任务一 学会正确表达情绪 ………………………………………………… 163
  任务二 善待自己，从给自己减压开始 ……………………………………… 172

项目九 树立诚信意识 … 184
  任务一 坚守诚信，成就未来 …………………………………………………… 184
  任务二 培养诚信品质，塑造诚信人生 ……………………………………… 191

项目十 培养感恩心态 … 201
  任务一 做一个心怀感恩的人 …………………………………………………… 201
  任务二 懂得感恩，才能成就自我 ……………………………………………… 206

项目十一 养成友善品格 … 213
  任务一 用友善的眼光看世界 …………………………………………………… 213
  任务二 友善待人，始于心，终于行 ………………………………………… 219

参考文献 ………………………………………………………………………………… 224

项目一

选择职业目标

职业目标,是指个人希望自己从事并为之而努力的某职业层次及类型组合。职业目标是职业规划的重点,其正确与否直接关系着事业的成败。寻找适合自己的职业目标,应该从以下四点考虑:自身性格与职业的匹配度、兴趣爱好与职业的匹配度、自身特长与职业的匹配度、所选职业的发展趋势。

任务一 有目标,才能成功

哈佛大学的人生目标课

为了探讨目标对人生的影响,美国哈佛大学(见图 1-1)曾做过一个为期 30 年的研究。

1970 年,哈佛大学的专家以一批在校学生为样本,进行调查研究。调查的主题只有一个:你的人生目标是怎样的?

图 1-1 美国哈佛大学

供选择的人生目标，分为几个层次：

第一，没有目标；第二，目标清晰还是模糊，比如，是很明确地想成为总统或资产1 000万美元以上的富翁，还是很模糊地想做一个白领、富人；第三，有没有短期目标，短期目标清晰还是模糊；第四，有没有长期目标，长期目标清晰还是模糊。

按照被调查者所选择目标的清晰程度，可以把他们分成四类，在调查总人数中所占比例如下：

第一类：没有人生目标，占调查总人数的 27%；

第二类：有目标，但目标模糊，占 60%；

第三类：有短期目标，而且短期目标清晰，占 10%；

第四类：有长期目标，而且长期目标清晰，这部分人只占 3%。

哈佛专家们的目标很明确：这项研究，要坚持30年。在这30年中，他们对所有的调查对象进行跟踪研究，从而验证目标对人生的作用。

30年后，结果出来了：

第一类人（无目标者），几乎都生活在社会最底层，在失败的阴影中挣扎；

第二类人（目标模糊者），基本生活在社会中下层，整日为生存而疲于奔命；

第三类人（短期目标清晰者），大多成了白领阶层，生活在社会中上层；

第四类人（长期目标清晰者），他们目标清晰，而且勇于坚持，积极进取，百折不挠，最终成为富翁、行业领袖、精英人物。

中国有句老话：凡事预则立，不预则废。有目标和没有目标、目标清晰和目标模糊，是否有长远目标，会直接影响人一生的发展！正如爱默生所说："当一个人知道自己的目标去向时，这个世界是会给他让路的。"

想成为有清晰、长期奋斗目标的人吗？想成为3%的人吗？现在就开始设计你的奋斗目标吧！

了解制定目标的作用和意义。

目标是个人、部门或整个组织所期望的成果。梦想、理想通常是大目标的另一称呼。

梦想比较遥远，理想比较现实，而目标则更强调实践。

目标的意义在于让生命变得清晰有轨迹，让生活变得斑斓有色彩。因为目标是方向、是动力！习近平总书记提出了人类命运共同体的宏伟目标，绘制了实现中华民族伟大复兴的中国梦。我们勤奋工作往大的方面讲，是为了将祖国建设得更加美好；往小的方面讲，是为了创造价值和财富，为了使自己和家人生活得更加幸福。为了实现目标，我们就得主动学习、认真学习、刻苦学习，向书本学习、向他人学习、向实践学习，积累经验、掌握技能、做更多的事，不断提高和进步，使自己的人生更精彩，更有意义。

可以说，没有目标就没有成功。

一、目标是人生的导航灯

没有目标，我们就不会努力，因为我们不知道为什么而努力。就像大海中的航船，如果不知道码头在哪里，该往哪里行驶呢？没有目标，我们几乎会同时失去资源、机会、好运及别人的支援。因为不知道自己到底想要什么，也就没有什么能帮助我们。

人的一生不能没有一个明确的目标和方向。目标具有导向作用，作为大学生，许多同学都有这样的感受：一旦学习目标不明确，学习的热情就不容易高涨，学习的效果也不会好；相反，有了明确的、切合实际的学习目标，学习效果会更好。目标与方向主导了我们一生的命运与成就，它是指引人生不断向前迈进的导航灯。

二、目标有强大的能量

明确的目标具有一种潜在的强大能量。因为人一旦有了明确清楚的目标后，潜意识就会自动地发挥它无限的能量，产生强大的推动力。人生最重要的不只是设定一个明确的目标，还要明白要达成这个目标的"原因"，因为这个"原因"是让人持续朝着目标前进的原动力。

在任务案例中，美国哈佛大学的研究还显示了另一个结果：那些有明确的长期目标及计划的3%的学生，在三十年后他们不仅事业有成，快乐及幸福程度也高于其他的人，而且这3%的人的财富总和，居然大于另外97%的人的财富总和。这体现了目标的能量。

三、目标产生积极的心态和动力

目标是我们努力的依据，也是对自己的鞭策。目标给我们一个看得见的彼岸。随着我们逐步实现这些目标，我们就会有获得感和成就感，我们的心态就会向着更积极主动的方向转变。目标在现实生活中具有参照性作用，它指导并调整着我们的职业活动。当一个人在工作中偏离了轨道时，目标就会发挥纠偏作用，尤其是在实践中遇到困难和阻力时，如

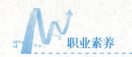

果没有目标的支撑，人就会心灰意冷，丧失斗志。

目标使我们看清使命，产生动力。有了目标，我们对自己心目中向往的世界便有一幅清晰的图画，会积极主动地收集资源，聚焦于所选定的方向和目标上，使自己的行为达到事半功倍的效果。

四、目标让人感受生存的意义和价值

通常人们处世的方式主要取决于他们怎样看待自己的目标。如果觉得自己的目标不重要，那么所付出的努力自然也会觉得没有什么价值；如果觉得目标很重要，那么情况就会相反。为了使美好的未来和宏伟的目标变成现实，人们会以坚韧不拔的毅力、顽强的拼搏精神去努力奋斗。

心中有了理想，我们自然就会感到生存的重要意义，如果这个理想（人生目标）又是由各个具体目标组成的，那么，我们就会觉得即使为目标付出再大、再多的努力都是有价值的。

五、目标能使人提高激情，高效工作

没有目标，我们很容易陷入一些与理想不相干的现实事务中。一个忘记最重要事情的人，会成为琐事的奴隶。目标有助于我们分清轻重缓急，把握重点。

目标有助于推动工作进展。它使我们心中的想法具体化，更容易实现，工作起来心中有数，热情高涨。目标同时提供了一种自我评估的重要手段，即标准。我们可以根据自己距离目标有多远来衡量取得的进步，测知自己的效率。

目标使我们更加注重结果，把握现在。成功的标准不是做了多少工作、过程怎样，而是获得多少成果。也就是说，现在所做的每一件事，都应为实现目标的组成部分。

六、目标使人自我完善，永不停步

美国19世纪的思想家、诗人爱默生说过："一心向着自己目标前进的人，整个世界都给他让路！"

人自我完善的过程，其实就是潜能不断发挥的过程。要发挥潜能，我们必须全神贯注于自己的优势。一个人的目标会因时、因地、因事的不同而变化。随着年龄的增长、社会阅历的增加、知识水平的提高，目标会由朦胧变得清晰、由幻想变得理智、由波动变得稳定，不断完善发展。

目标能使我们最大限度地集中精力。当我们不停地在自己有优势的方面努力时，这些优势必然进一步得到发展。我们对成功的渴望、信心，以及追求成功的勇气和胆量与日俱增，对目标及实现目标过程的认识不断清晰，必然使我们从容不迫、处变不惊。

保险销售员的故事

有个同学举手问老师:"老师,我的目标是想在一年内赚100万!请问我应该如何计划我的目标呢?"

老师便问他:"你相不相信你能达成?"他说:"我相信!"老师又问:"那你知不知道要通过哪行业来达成?"他说:"我现在从事保险行业。"老师接着又问他:"你认为保险业能不能帮你达成这个目标?"他说:"只要我努力,就一定能达成。"

"我们来看看,你要为自己的目标做出多大的努力,根据我们的提成比例,100万的佣金大概要做300万的业绩。一年:300万业绩。一个月:25万业绩。每一天:8 300元业绩。"老师说。"每一天:8 300元业绩。大概要拜访多少客户?"

"大概要50个人。""那么一天要50人,一个月要1 500人;一年呢?就需要拜访18 000个客户。"

这时老师又问他:"请问你现在有没有18 000个A类客户?"他说没有。"如果没有的话,就要靠陌生拜访。你平均一个人要谈上多长时间呢?"他说:"至少20分钟。"老师说:"每个人要谈20分钟,一天要谈50个人,也就是说你每天要花16个多小时在与客户交谈上,还不算路途时间。请问你能不能做到?"他说:"不能。老师,我懂了。这个目标不是凭空想象的,是需要凭着一个能达成的计划而定的。"

这个故事告诉我们,目标不是孤立存在的,目标是和计划相辅相成的,目标指导计划,计划的有效性影响着目标的达成。所以在执行目标的时候,一定要考虑清楚自己的行动计划,怎么做才能更有效地完成目标,是每个人都要想清楚的问题,否则,目标定得越高,达成的效果越差!

(资料来源:https://zhuanlan.zhihu.com/p/68762756)

找到自己的人生目标

1. 训练内容

关于实现人生目标,世界上没有普遍适用的方法。因为每一个人的内心都会有梦想的种子,而且是独一无二的种子,每个人找到自己的目标和实现它的方法都不一样。要找到自己的人生目标,就要倾听自己内心的声音,因为它就在你的内心深处,等待着你来发现。

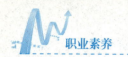

下面的10个问题或许能让你找到自己的人生目标。

（1）什么能让你笑？（事情、人、活动、爱好等。）

（2）你以前最喜欢做的事情是什么？现在最喜欢做的事情是什么？

（3）让你浪费很多时间的事情是什么？

（4）是什么能让你觉得自己很棒？

（5）谁能让你鼓起勇气？（不管是谁都可以，家人、朋友、作家、艺术家、企业家等）他们的哪些个性激励了你？

（6）你自己最在行的是什么？（技能、能力等）

（7）如果别人拜托你帮忙，他们会拜托你什么事情？

（8）假如，你需要教别人一些东西，你希望你能教什么？

（9）假设，你现在有90岁高龄了。坐在你家外面的藤椅上，能感觉到微风徐徐吹拂着你的脸，你感觉到安详和幸福。你回顾你的一生，包括你获得的成就、你的人际关系。此时，你认为对你来说最重要的是什么？

（10）对你来说，哪种价值观最重要？你可以在表1-1中选择3~6个对你来说重要的词，或可以写上其他你认为重要的词。

表1-1 价值观列表

成就	好奇心	领导力	尊敬
冒险	教育	学习	业绩
美丽	玩	友情	个人发展
永争第一	家庭	服务	效率
挑战	财务自由	健康	人际关系
舒适	柔韧性	诚实	信赖
勇气	爱情	独立	安全
创造力	激励	内心的平静	成功
授权	激情	正直	灵性
环境	多样性	智慧	时间自由
高兴	亲切		

2. 训练目的

（1）学会独立思考。

（2）组合你写的答案，探寻你自己的人生目标。一般个人目标包括三个部分：我想要做什么；我想帮助（或服务）的对象是谁；最后的结果是什么（或我要创造什么价值）。

3. 训练要求

（1）准备几张纸和一支笔。

（2）找一个安静的地方（图书馆、自习室等），把手机关掉。

（3）快速写下每个问题的答案，把看到问题之后出现在脑海里的第一个想法写出来，每个问题给自己30~60秒的时间来回答。

（4）不要欺骗自己：这不是考试题，没有正确答案，而且没人会看到你的答案。

（5）享受这个过程，当你写答案的时候让自己保持微笑。

任务二　选择目标，明确努力方向

史上最牛的女专科生

四川有这么一个姑娘，她出生在一个普通的地方。她好不容易参加了高考，却落选了。她鼓起勇气，复读了一年。没想到，结果还是不好。她考试只考了385分。这样的分数，连最差的大学都考不上。没办法，她选择去了一所大专。然而，谁也没想到的是，踏入大专的那一刻，她就开始了自己的"逆袭人生"。

在她毕业之前，她受到了三家跨国公司的邀请。所以她也被称为"史上最牛专科生"，她就是曹晓洁。

曹晓洁有什么本事，能把三家跨国大公司迷得"神魂颠倒"？

曹晓洁，来自四川泸州市林宇镇。她从小在农村长大，家人偶尔会带她坐车去城里。这是曹晓洁最开心的时候。她对这座城市充满了好奇，每次都想去看看。她梦想长大后，一定要去一个更大的城市。

曹晓洁是个很懂事的女孩。她从小就经常帮父母干农活，这也无形中锻炼了她的意志力。她是一个非常有耐心和毅力的女孩。家长看着曹晓洁很懂事，也很欣慰。他们下定决心，不管有多难，都要让女儿接受教育，让女儿用知识的力量改变命运，让女儿长大后过上好日子。

只有读书才能改变现有的僵局。

这个想法一直在曹晓洁心中徘徊，她也为此非常努力地学习过。可是有些人在学习上似乎天生不如别人。曹晓洁付出很多，但成绩不好。2005年，曹晓洁高考失利，父母支持她再复读一年。2006年，再次参加高考的曹晓洁，因为心理压力太大，没能发挥出正

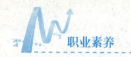

常水平,只考了385分。她的成绩勉强能报一所民办院校。2006年9月,曹晓洁被江西某软件学院录取,成为该校两年制专科学生。即便如此,曹晓洁还是没有放弃。只要能继续学习,她还是有机会逆风翻盘的。

虽然经历了两次重大挫折,但她并没有放弃自己的梦想。曹晓洁所学的软件工程不是该校的王牌专业。老师素质参差不齐,学生中浑水摸鱼的很多。很多人的想法是混两年后找工作。反正这个专业也谈不上好坏,最后总能找到一口饭吃。但是,曹晓洁感觉不能满足于谋生。既然进了这个专业,就不能成为这个行业的顶尖吗?第一次和其他同学说起这个梦想,曹晓洁就被同学嘲讽了。还有人像看傻子一样盯着她,一脸不屑地说:"你要是能做得这么好,清华北大岂不是有人成了神仙?"2007年,学院和IBM中国公司建立了服务外包人才培训基地,曹晓洁觉得自己的机会来了。因此,她更加努力地展示自己。

在别人的质疑声中,她终于用自己的实力打败了很多本科生和研究生,成为实训基地的第二期学员。IBM先锋训练基地模拟IBM公司的办公环境和真实项目研发的教学理念,让曹晓洁如鱼得水。她喜欢这份工作,享受着充实和快乐。也是在这一年,曹晓洁有了改变人生的机会。所有科目中,她最喜欢的是英语,口语水平也很高,这无疑让曹晓洁在选拔阶段占据了优势;她还有一份工作,就是给外教当翻译。后来企业负责人也发现她的编程技术比很多老员工都好,这让曹晓洁还没毕业就得到对方的橄榄枝。这家公司的两个竞争对手也向她表明了诚意,其中最高的一个给出的年薪是20万美元。收到录用通知的时候,曹晓洁甚至还没毕业。消息在学校迅速传开,震惊了曹晓洁的同学。当大家都在忙着毕业找工作的时候,曹晓洁轻松拿到了三家跨国公司的录用通知。这怎么能不让他们羡慕呢!

不久之后,曹晓洁的经历被传到了网上,网友们也对这个年轻女孩的经历印象深刻,称她为史上"最牛的专科生"。

顶着这个头衔,面对众多网友的评论,曹晓洁坦然地说:"我想我知道我是谁,自己不会找不到北。"

曹晓洁说,她只是一个很普通的年轻人,未来也想很普通的生活、学习、工作。做好自己,照顾好家人,和周围的朋友和同事友好相处。"我的人生,我的梦想,我希望自己慢慢努力奋斗就好!"

(资料来源:https://m.163.com/dy/article/HCSUMB4905534CLJ.html)

任务启示

热爱并且努力,谁都可能成功。

每一名大学生对未来生活都有着十分美好的憧憬,对未来的职业都有自己的向往和追求,并且都希望在职业岗位上能有所成就。但是,古今中外,即使在相同条件下,有的人建功立业,有的人却碌碌无为;有的人在平凡的岗位上发光发热,赢得了社会的尊重和赞扬;有的人虽名噪一时,但终遭人们的厌恶和唾弃。因此,能否成功,最重要的一点在于是否树立了正确的目标并为之努力。

任务目标

1. 明确自己各阶段的目标。
2. 掌握目标设定的原则。
3. 学会目标制定的策略和方法。

任务学习

目标(见图1-2)常被比喻为人生灯塔和指南针,每个大学生都怀揣着梦想走进大学校门,梦想就是目标的一种称谓。目标是个体指向未来的期待,在纷繁复杂的大学生活中,如何保证我们能朝着梦想中的方向前进,不偏离自己的方向,将是大学生必须要学会并付诸实践的能力。

图1-2 目标

一、大学生与目标管理

(一)什么是大学生的目标管理

目标管理是以建设的最终效果为标准,将参与的组织或个体视为核心要素,通过过程化管理有效实现最优化结果的现代管理方法。目标管理是企事业单位最常用的管理方法之一,其自下而上和自上而下双结合的制定策略对组织运行起着重要的作用。大学生的目标管理，是将组织中目标制定的原则和方法运用到大学生活之中，提升大学生的学习效率和任务效能的手段。具有良好目标管理能力的大学生往往在学业中和就业过程中获得更突出的成就。

（二）目标管理在大学生活中的意义

目标管理的意义主要表现在以下几个方面：

（1）大学生进行目标管理能将个人的目标进行清晰明确的表达，使个体对自我应担负的责任和义务有客观全面的了解，并明确努力达成的目标和方向。

（2）大学生制订目标管理计划可使个体对自身有明确的定位，了解自身特点和优势，在达成目标的过程中，有效发挥自身特长和能力。

（3）大学生对既定目标的有效分解和达成可使自身能较好地应对危机，同时向更高的发展层次迈进。

（4）明确的目标管理可以协调个体与个体、个体与组织之间的关系，最终形成和谐、协作、团结的组织形态。

（5）大学生在目标的产生过程中将每一个部分都制定出可量化、科学化的考核标准。

（6）掌握目标管理的具体方法，可以将长期目标、短期目标相结合，交替递进完成，最终形成长效自我管理机制。

（三）培养大学生自我目标设定能力

自我目标的设定是自我领导理论中行为聚焦策略的一个重要环节。个体要实现自我领导，必须有较高的、清晰可行的目标，且又有不断追求高目标的动力。

它是由目标的方向、高度与难度、层次、内容、动力性等有机组合而形成的成才目标体系。目标设定既要符合社会需求，也要体现个人特点。自我目标设定能力既包括个体是否有清晰的目标，也包括设定目标后的坚持力，即使在面对反对意见时仍坚守不渝。目标有长期的目标（如未来的职业目标、人生目标等），也有短期的计划（如完成学业、获取各种资格证书等）。大学生应在正确的自我认知基础上，以追求高目标为导向，明确职业目标，做好中短期与长期规划，在实现目标过程中培养坚持力与执行力，并以自我管理为调节器，形成由外部驱动自我而有效达成目标的动力机制，进而提高个体效能。

二、目标设定的原则

（一）SMART 原则

目标设定的 SMART 原则来源于管理大师彼得·德鲁克的《管理的实践》，有五个基本的原则，提示告诫他人在设定目标的过程中，不要只看到目标达成后的效果，而是要在目标制定、实施、反馈的过程中，充分考虑到目标是否具体，是否可以量化，是否可以达成，是否对目标进行反馈，目标达成是否需要时间限制因素。制定目标原则看起来非常简单，但是为了使目标更具现实操作性、行动更具引领性，作为大学生，我们在设置行为目标的过程中必须认真学习并熟练运用 SMART 原则。

SMART 原则具体目标指的是：

S——明确性（Specific）或重要的（Significant）；

M——可衡量性（Measurable）或者有意义的（Meaningful）；

A——可实现（Attainable）或者有行动导向的（Action oriented）；

R——相关性（Relevant）或者有收获的（Rewarding）；

T——时限性（Time-Bound）或者可跟进的（Trackable）

S——明确性：所谓明确，就是用具体的语言清楚地说明要达成的行为标准，明确的目标几乎是所有成功团队的一致特点。很多团队不成功的重要原因之一就是目标设定得模棱两可，或没有将目标有效地传达给相关成员。

M——可衡量性：可衡量性就是指目标应该有一组明确的数据，是衡量是否达成目标的依据，如果制定的目标没有办法衡量，就无法判断这个目标能否实现。

A——可实现性：目标是为了让执行人实现、达到的，如果上司利用一些行政手段，利用权力性的影响力一厢情愿地把自己所制定的目标强压给下属，下属典型的反应是心理和行为上的抗拒。

R——相关性：目标的相关性是指实现此目标与其他目标的关联情况，如果实现了这个目标，但对其他的目标完全不关注，或者关注度很低，那么这个目标即使达到了，意义也不是很大。

T——时限性：目标特性的时限性就是指目标是有时间限制的，大学生对于目标设定要有明确的时间限制，根据具体学习要求或工作任务的重要性，事情的紧急性，拟定出达成目标项目的时间要求，在此过程中要定期检查项目的完成进度，以便随时掌握项目进展的变化情况，这样是为了方便对自己的行动及时进行修正，以及根据工作的异常情况变化等及时地调整工作计划。

总之，大学生应制订自己的学习计划和规划未来的职业目标时，都必须符合 SMART 原则，五个原则缺一不可。制订计划的过程也是对自身的工作掌控能力提升的过程，完成计划的过程就是对自我现代化管理能力历练和实践的过程。

（二）计划性原则

制订工作计划是做好时间分配和时间管理的关键。在实际工作中，应事先做出计划，按计划执行，并注意留出处理不可预计事务的时间。

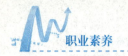

1. 合理制订计划

会不会利用时间，关键在于会不会制订完善的、合理的工作计划。为了管理好时间，需要首先确定时间管理目标和制订时间分配计划，然后按照计划去做，有效计划并不是要将未来每一天、每一周或每一个月都填满。而是在内容上更侧重于什么时间需要做什么事情，哪些工作在这个时间段会是关键或重点，完成这项目标需要哪些工作的配合等，做出自己的行动计划指南表。

2. 提高计划执行力

计划制订好后，就应该按计划执行，不执行的计划毫无意义。"今日事，今日毕"是高效率的表现。许多人习惯做事拖拖拉拉，久而久之养成了今天的工作拖到明天，明天的工作拖到后天的习惯，可是我们每天都会有新的工作，"明日复明日，明日何其多"。所以我们要提高计划执行力，尽可能把当天的工作当天完成，在第二天着手解决明天的工作。

3. 必须留出处理不可预计事务的机动时间

再周详的计划，也可能会有意外的情况发生，这些是在设定计划时始料不及的。弥补的关键是事先留出处理不可预计事务的时间，以便对突发事件进行快速反应、及时部署，让有限的时间发挥更大的弹性。一般来讲，按照60/40原则安排会比较合适，其中60%的时间为工作任务时间，40%的时间为机动时间。

三、优化执行目标的策略与方法

确定职业目标后，去分析和评估目标的可行性、分析和评估达成目标的可能性就成了当务之急。分析和评估目标通常需要从自身出发，进行一系列的考察和研究。问题分析法是通过回答一系列与目标达成相关的问题来对目标进行评估分析的方法。

通常，可以提出的问题包括以下几个：

（1）这个目标与我的价值观和信念一致吗？这个目标是否与我在个人生活中所追求的信念相一致呢？

（2）这个目标能在多大程度上满足我的兴趣爱好？在实现这个目标的过程中我能感到身心愉悦吗？

（3）这个目标是来自我的内心吗？还是别人或社会强加给我的？

（4）我有足够的动力去实现这个目标吗？我能有足够的热情坚持下去吗？

（5）这个目标具有可行性吗？通过我的学习和努力能达到目标的要求吗？

（6）我具备实现这个目标的潜在能力吗？我能习得目标达成的所需技能吗？

（7）外部社会与环境在多大程度上支持我的目标达成？我能克服环境中的阻碍吗？

四、大学期间目标制定的策略和方法

（一）目标计划的概念

目标计划是使决策落到实处的行动规划。尽管在日常生活和工作中，我们不是将每一个计划都用书面方式写下来，但至少在心中会有所盘算。在心中盘算的过程其实也是对事情的计划准备的过程。古语云：凡事预则立，不预则废。计划的制订对于正确、有序地指导工作是十分重要的。

（二）计划的内容

五"W"法是一种归零思考法，即通过回答五个包含"W"的问题来思考个人职业的发展以及职业目标的可行性，这五个问题是：

（1）Who are you？（我是谁？）回答这个问题，要求大学生对自身的情况进行自省。

（2）What do you want？（你想要的是什么？）大学生要在大一或者大二时明确自己的职业发展和学习需求，从长远的视角来查看目前的行为和目标是否一致。

（3）What can you do？（我能干什么？）对自己的能力与技能进行全面总结，定位自身职业发展空间的大小，考察能力与已经制定的目标之间的匹配程度。

（4）What can support you？（客观支持或允许我干什么？）衡量自身的人际关系、社会支持等客观因素，思考这些因素在你职业生涯过程中是否能起到助推的作用。

（5）What you can be in the end？（我最终的职业目标是什么？）理解职业发展的最终状态，从期望的职业目标考虑目前现状，衡量目前的目标与最终目标之间的相互关系，评估两者一致性程度。

将长期的大的目标分解为短期的、小的目标是保障实现目标的重要前提，每个学年的任务，都可以具体化为学年目标，再在学年目标的基础上分解为学期目标、月目标、周目标、日目标。如何保证完成大学期间的学习生活任务十分重要。因此，大学生有必要首先制定大学期间的目标。

（三）大学生年度计划的内容

1. 大一：了解自己，了解专业，适应生活

大一是形成良好学习习惯的重要一年。在这一年中大学生需要对自己的能力特点、专业追求、未来发展有一个大体的了解，比如专业的学习内容、学习要求和就业情况，全身心投入专业学习中。同时，大学生要积极参加学校的各项活动，提升计算机、英语等通识技能，职业院校的同学还要充分利用实践课或者实训的机会，锻炼自身的业务能力。这一年，需要做好规划，有选择性地参加社团活动，协调学习和生活时间，不能因为丰富多彩

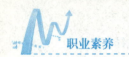

的校园生活或社会活动影响专业学习。

2. 大二：掌握知识，提升技能，综合发展

大二对于职业院校学生来说是转折之年，通过一年的专业学习，大家应该对自己的知识能力水平、综合能力有了较为深刻的理解，对于今后是继续在专业上深造还是步入职场以及规划未来要逐步提上日程。这一年的主要任务是要更加深入学习专业知识，使自己具备应用实战的能力，锻炼自己的社会交往、组织协调能力，同时在有条件的基础上多参加校外实践活动，走出"象牙塔"的庇护，到社会中历练。就业指导课是增强大学生就业能力的重要途径，大学生要充分利用就业指导课、创新创业课、生涯规划课等课程提升求职能力，在时间允许的范围内利用学校提供的实习信息、组织的实习招聘会，了解实习的有关事项，在假期进行实习。

3. 大三：制订计划，完成学业，坚定前行

职业院校一般采用"2+1"学习模式，即 2 年在校学习，1 年实习实践，大三意味着要考虑毕业去向，是走出学校，开始实习就业，还是继续专升本、出国等，还是要自主创业等。对于绝大部分同学来说，就业是最普遍的选择，因此这一年要寻找目标，了解当年就业政策，强化求职技巧，进行模拟面试等训练。同时，积极参加宣讲会、招聘会投送简历，积累择业就业的实践经验，不断提高就业竞争力。对于那些要继续深造的同学，更要有恒心、耐心、决心，不能受其他同学或者社会因素的影响而摇摆不定。对于创业的同学，除了要有理想和抱负，更重要的是脚踏实地地工作，保持清醒的头脑。不管怎样，大三过后大家都要各奔东西，无论选择哪条道路，一定要选择适合自己的、自己喜欢的，然后坚定不移地前进。

用 SMART 原则制订行动计划

如表 1-2 所示，请用 SMART 原则制订行动计划。

表 1-2　具体目标和分解目标

具体目标	分解目标	对应 SMART 原则
本学期通过英语四级考试	一个学期	T
	通过英语四级考试	S/R
	保证每天至少练习一小时	T/M
	能够通过真题测试	A/M
	可以和外教进行 10 分钟对话	A/M

续表

具体目标	分解目标	对应 SMART 原则

 任务训练

勇敢地说出自己的理想

1. 训练内容

借助 PPT，通过你的演讲，让大家知道你的理想。

2. 训练目的

（1）学习制作 PPT。

（2）学会小组合作。

（3）学习欣赏他人。

（4）珍惜团队荣誉。

3. 训练要求

（1）按学习小组分别进行准备，制作一个介绍自己的 PPT。

（2）从各小组中随机抽取 2 名同学上台演讲，抽取几名同学进行打分、评议。

（3）在 1 分钟之内把自己介绍给大家，肯定自己、找出自己的优点和自己现在所拥有的资源，同时分析自己的缺点，把自己的理想告诉大家。

（4）以小组为单位进行评比，表扬优胜小组，最后由教师点评。

（5）整个训练活动可从班级中产生 2 名同学担任主持人。

项目二

学习职业礼仪

什么是礼仪？根据《现代汉语词典》解释，礼仪的意思是礼节和仪式。礼仪一词出自《诗·小雅·楚茨》："献酬交错，礼仪卒度。"古人云："礼者敬人也。"礼仪是在社会交往中，人们由于受到风俗习惯、历史传统、宗教信仰、时代潮流等因素影响而形成的，是以建立友好和谐关系为目的，被大众认可又被遵守的行为准则和规范的总和。礼仪不仅是一种待人接物的行为准则与规范，也是一种交往的艺术。

任务一 职业礼仪，进入职场的必修课

任务案例

一次，某公司与一外国客商进行生意谈判，他们得知这天正好是该公司董事长的生日，于是晚上为董事长举办了一个小型的生日舞会。晚餐过后，女服务员送上一个精致的生日蛋糕。吹灭蜡烛之后，外商请董事长分切蛋糕。参加宴会的，包括董事长在内，共7个人。外商发现，董事长将蛋糕切成了8份。董事长亲自为在座的每一位客人端上了一份蛋糕，并诚挚地表达了他的感谢之情。最后，董事长把一份蛋糕端起来，径直走向站在角落里的那位服务员，真诚地对她说："这一份是给你的，感谢你一晚上周到而细致的服务！"

因为董事长的这一举动，该公司比任何一次都更顺利地签下了合同，拿到了订单。饯行时，外国客商说，很愿意与有修养的人做生意。

无独有偶，素有"经营之神"之称的松下幸之助（见图2-1）在大阪的一家餐厅招待客人，每个人都点了牛排。饭后，松下让助理去请烹调牛排的主厨过来，他还特别强调："不要找经理，找主厨。"助理注意到，松下的牛排只吃了一半。

图2-1 松下幸之助

主厨来时很紧张,因为他知道请自己的客人来头很大。"是不是牛排有什么问题?"主厨紧张地问。"牛排没问题,"松下说,"但是我只能吃一半。原因不在于厨艺,牛排真的很好吃,你是位非常出色的厨师,但我已经80岁了,胃口大不如从前。我想当面和你谈,是因为我担心,当你看到只吃了一半的牛排被送回厨房时,心里会难过或者以为做得不好吃。"

客人在旁边听见松下如此说,更佩服松下的人格,更喜欢与他做生意了。

千万别小看一个人的修养与礼貌。失礼不仅会使才华贬值,有时还使眼看到手的商机跑掉。

一家小剧院的老板,以非常低的价格买到了大仲马写的一个好剧本。

另一家大剧院的老板很不服气,因为他曾出两倍的高价,但大仲马却没有卖给他。

于是,这位老板满怀怨气地到大仲马的住处拜访。一见面,他连帽子也没摘下,就气势汹汹地质问大仲马:"为什么以那么低的价格把剧本卖给了那个小老板,而我出了两倍的价钱竟空手而归?"

大仲马笑了笑说:"其实你的那位同行一点力气都没费。"

"那是为什么?"

"因为他说与我交往是他的荣幸,并且每次见面他都礼貌地摘下帽子。而你从来就不知道礼貌地摘下帽子。"

礼貌、文明、修养,有时比公关、技术、金钱更有力量,更能说服别人,更能解决问题。先贤早就告诫过我们:爱人者,人恒爱之;敬人者,人恒敬之。

"一个人的礼貌是一面照出他的肖像的镜子。"希尔顿将下属服务员的微笑化作自己成功创业的资本,钢铁大王卡内基以和善友好的态度化敌为友……他们用自己的亲身实践有力地诠释了修养的内涵,从而使自己的事业更加辉煌。

任务启示

礼仪是修身养性、持家立业的基础,而职场礼仪从某种意义上讲则更加重要。那么什么是礼仪?礼仪是指在人际交往中,自始至终地以一定的、约定俗成的程序和方式来表现的律己敬人的完整行为,礼仪的实质即"尊重人"。有的人把言行放任当潇洒,把粗鲁无礼当豪迈。许多人认为,做人做事只要大方向不错,小节上不用太认真。他们还用一句老话为自己辩护:行大事者不拘小节。但是,这句话的本意是,小原则要服从大原则,小目标要服从大目标。比如,家规要服从国法,个人习惯要服从公司规范并不是说可以放纵自己的行为。乱丢纸屑乱吐痰,乱说乱动不讲礼貌,并非"不拘小节",而是缺少修养。

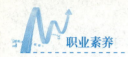

1. 掌握一些基本的职业礼仪。
2. 在日常生活中待人接物要遵守基本的礼仪。

一、沟通礼仪

沟通礼仪是我们在沟通过程中应遵循的具体礼仪规范，主要包括称呼礼仪、介绍礼仪等。

沟通礼仪有四大原则，分别是敬人原则、自律原则、适度原则、真诚原则。一是敬人原则。敬人者，人恒敬之，尊敬他人，也是尊重自己的表现。二是自律原则。就是在交往过程中要克制自己、慎重、积极主动、自觉自愿、礼貌待人、表里如一、自我对照、自我反省、自我要求、自我检点、自我约束，不能妄自尊大，口是心非。三是适度原则。即沟通要适度得体，掌握分寸。四是真诚原则，即对人诚心诚意，以诚相待，不逢场作戏，言行不一。

沟通常用礼仪如下：

（一）称呼礼仪

人与人打交道时，相互之间免不了要使用一定的称呼。不使用称呼，或者使用称呼不当，都是一种失礼的行为。所谓称呼，通常是指在日常交往应酬中，人们彼此之间所使用的称谓语。需要注意的是，选择正确、适当的称呼，不仅反映着自身的教养和对被称呼者尊重的程度，而且在一定程度上还体现着彼此之间关系的亲疏。从某种意义上讲，当一个人称呼另外一个人时，实际上意味着自己主动地对彼此之间的关系进行定位。

职场、生活中常用的称呼

一、职场中常用的称呼

在职场上，员工所采用的称呼理应正式、庄重而规范。它们大体上可分为下述四类：

1. 职务性称呼

在工作中，以交往对象的行政职务相称，以示身份有别并表达敬意，是公务交往中最为常见的。在实践中，它具体又可分为如下三种情况：

一是仅称行政职务，例如，董事长、总经理、主任等。它多用于熟人之间。

二是在行政职务前加上姓氏，例如，谭董事、汪经理、李秘书等。它适用于一般场合。

三是在行政职务前加上姓名，例如，王惟一董事长、滕树经理、林荫主任等。它多见于极为正式的场合。

2. 职称性称呼

对于拥有中、高级技术职称者，可在工作中直接以此相称。如果在有必要强调对方的技术水准的场合，尤其需要这么做。通常，它亦可分为以下三种情况：

一是仅称技术职称，例如，总工程师、会计师等。它适用于熟人之间。

二是在技术职称前加上姓氏，例如，谢教授、严律师等。它多用于一般场合。

三是在技术职称前加上姓名，例如，柳民伟研究员、何娟工程师等。它常见于十分正式的场合。

3. 学衔性称呼

在一些有必要强调科技或知识含量的场合，可以学衔作为称呼，以示对对方学术水平的认可和对知识的强调。它大体上有以下四种情况：

一是仅称学衔，例如，博士。它多见于熟人之间。

二是在学衔前加上姓氏，例如，侯博士。它常用于一般性交往。

三是在学衔前加上姓名，例如，侯钊博士。它仅用于较为正式的场合。

四是在具体化的学衔之后加上姓名，即明确其学衔所属学科，例如，经济学博士邹飞、工商管理硕士马月红、法学学士衣霞等。此种称呼显得最为庄重。

4. 行业性称呼

在工作中，若不了解交往对象的具体职务、职称、学衔，有时不妨直接以其所在行业的职业性称呼或约定俗成的称呼相称。它多分为下述两种情况：

一是以其职业性称呼相称。在一般情况下，常以交往对象的职业称呼对方。例如，可以称教员为老师，称医生为大夫，称驾驶员为司机，称警察为警官等。此类称呼前，一般均可加上姓氏或姓名。

二是以其约定俗成的称呼相称。例如，对公司、服务行业的从业人员，人们一般习惯于按其性别不同，分别称之为小姐或先生。在这类称呼前，亦可冠以姓氏或姓名。

二、生活中的称呼

在日常生活中所使用的称呼应当亲切、自然、合理，一方面不可肆意而为，另一方面又不能煞有介事，不然都会弄巧成拙。在生活中所常用的称呼，大致上有以下三类：

1. 对亲属的称呼

对亲属的称呼，早已约定俗成。其关键是要使用准确，切忌乱用。不过，有时为表示亲切，也不一定非得符合标准。例如，儿子对岳父、岳母，儿媳对公公、婆婆，均可称为爸爸、妈妈，以示自己与对方不见外。

2. 对朋友、熟人的称呼

称呼朋友、熟人时，既要亲切、友善，又要不失敬意。大体上应区分以下三种情况：

一是敬称。对于有地位、有身份的朋友、熟人或长辈，通常应当采用必要的敬称。

对长辈或有地位、有身份者，大都可以称之为先生。其前，有时亦可加上姓氏。例如，吴先生。

对科技界、教育界、文艺界人士，以及其他在某一领域有一定成就者，往往可称之为老师。同样，在其前面也可以加上姓氏。例如，郁老师。

对同行中的前辈或社会上的德高望重者，通常可称之为公或老。具体做法是在其称呼前加上对方的姓氏。例如，杨公、夏老。

二是近亲性称呼。对邻里、至交，有时亦可采用大爷、大妈、大叔、阿姨等类似的称呼。它往往会给人以亲切、信任之感。此类称呼前，还可以加上姓氏。例如，许叔叔、马大姐、于阿姨等。

三是姓名性称呼。在平辈人之间或长辈称呼晚辈时，朋友、熟人可以直接称呼对方姓名。例如，卫理、唐芳、刘微，但晚辈却不宜如此称呼长辈。

有时，朋友、熟人还可只呼其姓而不称其名，仅在前冠以老、大、小。具体做法是：对年长于己者或平辈称老、称大，对年幼于己者或晚辈称小。例如，老高、小陈。

对关系较为密切的同性或晚辈，朋友、熟人之间还可以直呼其名而不称其姓，例如，之怡、志强、一萍等。但对异性一般不宜如此称呼。

3. 普通性称呼

在日常交往中，对仅有一面之交、关系普通的交往对象，可酌情使用下述几种称呼：

一是以其职务、职称或学衔相称。

二是以其行业性称呼相称。

三是以约定俗成的泛尊称相称。例如，同志、小姐、夫人、女士、先生等。

四是以当时所在地流行的称呼相称。

（资料来源：https://www.renrendoc.com/paper/147045964.html）

（二）介绍礼仪

所谓介绍，通常是指在人们初次相见时，经过自己主动沟通，或者借助第三者的帮助，从而使原本不相识者彼此之间有所了解、相互结识。由此可见，人际沟通大都始于介绍。

在公务活动中,如能正确地利用介绍,既可以使自己多交朋友、广结善缘、扩大交际圈,又可以适当地展示自我,促进自己与交往对象之间的相互沟通。

根据介绍者具体身份的不同,介绍可分为介绍自己、介绍他人、介绍集体三种,它们的具体操作方式各有不同。

1. 介绍自己

介绍自己,亦称自我介绍,顾名思义,就是当自己与他人初次相见时,由自己充当介绍者,自己把自己介绍给别人,以使对方认识自己,或者借此认识对方。在人际交往中,介绍自己是人们所用最多的一种介绍方式。一般而言,在介绍自己时,在礼仪规范方面主要应注意以下三个方面的问题:

(1)介绍自己的时机。

在公务交往中,何时有必要向他人介绍自己呢?掌握自我介绍的时机,是一个颇为复杂的问题,它具体涉及时间、地点、气氛、当事人、旁观者及其相互之间的互动等种种因素。就一般状况而言,人们在下述时机都有必要向他人介绍自己:

一是希望他人结识自己。让他人了解自己的最佳方式,就是主动把自己介绍给对方。此种自我介绍称作主动型自我介绍。

二是他人希望结识自己。当别人表现出想了解自己的意图时,就有必要进行自我介绍。此种自我介绍叫作被动型自我介绍。

三是希望自己结识别人。所谓将欲取之,必先予之。想要结识别人的一大妙法,就是先向对方介绍自己,以取得对方的呼应。此种自我介绍称作交互型自我介绍。

四是确认他人熟悉自己。有时,担心他人健忘或不完全掌握自己的情况,则不妨再次向对方扼要介绍一下自己的简况。这一类自我介绍叫作确认型自我介绍。

(2)介绍自己的内容。

介绍自己时,其具体内容往往多有不同。在一般情况下,自我介绍的内容应当兼顾实际需要、双边关系、所处场合,并应具有一定针对性。若以基本内容进行区分,自我介绍可分为以下四种:

一是应酬式。有时,面对泛泛之交、不愿深交者,或有必要再次向他人确认自己时,可使用应酬式自我介绍。其内容最为简洁,通常只有姓名一项即可。例如,你好!我的姓名是席菁。我叫厉大志。

二是问答式。在一般性的人际交往中,对于他人需要了解的情况,必须有问必答。此即所谓问答式自我介绍。它的要求是:被问什么,则答什么。例如,某甲问:先生,你好!如何称呼?某乙答:你好!我叫杨舟。再如,某甲问:女士,你在哪里高就?某乙答:我在大海集团人力资源部供职,我是那里的经理。

三是交流式。在社交场合里,需要与他人进一步交流时,不妨就交往对象有可能感兴

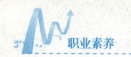

趣的问题,向对方择要介绍,主要内容有籍贯、学历、兴趣等。有时,也被称为交际式自我介绍。例如,我叫钱飞飞,上海人。我见你在用CD机听评弹,我想你也是上海人吧?我叫冯亦非,毕业于中国人民大学。听说我们是校友,是吗?

四是工作式。在工作场合,自我介绍亦应公事公办。其主要内容应包括单位、部门、职务、姓名四项。它被称作工作式自我介绍,亦称公务式自我介绍。例如,你好!我是飞马公司销售部副经理李玉。我叫傅元,力群股份有限公司总经理。

(3)介绍自己的方式。

进行自我介绍时,对下述几点必须特别注意,如此方能使自己表现出众,不失分寸。

一是见机行事。自我介绍一定要见机行事,当交往对象有此兴趣、情绪良好或外界影响较少时,都是进行自我介绍的良机。

二是实事求是。自我介绍必须实事求是。介绍自己时,既不宜过分谦虚、贬低自己,也没有必要自吹自擂、夸大其词。必要时,不妨在进行自我介绍前先向交往对象递上一张自己的名片,以供对方参考。

三是态度大方。在介绍自己时,介绍者一定要保持大方而自然的态度,以便给人以见多识广、训练有素之感。为此,在自我介绍时,语气要平和,语音要清晰,语速要正常。切勿显得敷衍了事、生硬冷漠,或矫揉造作、虚张声势,或畏首畏尾、小里小气。

四是控制长度。在介绍自己时,必须有意识地控制具体内容。若无特殊要求,自我介绍的内容一定要力求简明扼要,努力做到长话短说、废话不说。大体上讲,一般的自我介绍在时间上应限定在一分钟之内结束。

2. 介绍他人

在公务交往中,除了介绍自己之外,往往还有必要介绍他人。介绍他人,又称第三者介绍,它指的是由第三者替彼此不认识的双方所进行的介绍。在介绍他人时,替他人介绍的第三者为介绍者,而被介绍的双方则为被介绍者。

在绝大多数情况下,介绍者应对被介绍者双方一一进行具体的介绍。在个别时候,亦可只将被介绍者中的一方介绍给另外一方,但这样做的前提是:前者认识后者,而后者却不认识前者。在公务交往中,介绍他人大都应当对以下四个方面的具体问题予以重视:

(1)谁充当介绍者。

需要介绍他人时,由谁来充当介绍者是颇有讲究的。在一般情况下,公务交往中的介绍者应由以下人员担任:

一是专司其职者。在绝大多数时候,介绍者应由本单位专门负责此项事宜的有关人员担任,例如,秘书、办公室主任、公关礼仪人员或专职接待人员等。

二是业务对口者。有时,在外部单位人员来访,而对方又与己方其他人员互不认识的情况下,则与对方有业务联系的本单位人员,担任介绍者的角色。

三是身为主人者。当来自不同单位的客人互不认识时，则主方人员一般均应主动充当介绍者。

四是身份最高者。假定来访的客人身份较高，本着身份对等的惯例，一般应由东道主一方在场人士中的身份最高者来担任介绍者，以示对被介绍者的重视。

（2）被介绍者意愿。

替他人进行介绍之前，介绍者有时需要事先征得被介绍者双方的首肯，以防止发生被介绍者双方早已认识，不需要再介绍，或者被介绍者之中的一方不希望结识另外一方等情况。

有的时候，被介绍者之中的一方可能会主动要求介绍者把自己介绍给另外一方。此刻，介绍者一定要想方设法，玉成此事。

在正常情况下，征求被介绍者双方有关是否乐于被介绍给某人的意见时，通常应当先征求身份较高者的意见，后征求身份较低者的意见，并且应当优先考虑前者的个人意愿。

（3）介绍时的顺序。

替他人做介绍时，被介绍双方的前后顺序往往最为讲究。根据礼仪规范，处理这一问题时，应遵循尊者拥有优先知情权的原则，即在介绍他人时，应首先介绍身份较低者，然后介绍身份较高者，以使后者优先了解前者的具体情况。根据以上原则，替他人进行介绍时的具体顺序大致分为以下几种：

一是在公务场合。在公务场合，需要介绍职务较高者与职务较低者时，应首先介绍职务较低者，然后介绍职务较高者；需要介绍上级与下级时，则应首先介绍下级，然后介绍上级。

二是在社交场合。在社交场合，需要介绍女士与男士时，应首先介绍男士，然后介绍女士；需要介绍长辈与晚辈时，应首先介绍晚辈，然后介绍长辈；需要介绍已婚者与未婚者时，应首先介绍未婚者，然后介绍已婚者。

三是接待来访者。在接待来访者时，倘若需要为宾主双方之中的互不相识者进行介绍，一般均应首先介绍主方人士，然后介绍客方人士，而不必兼顾其他因素。

（4）介绍时的内容。

为他人进行介绍时，不仅应注意前后顺序，而且应当斟酌介绍的具体内容。通常，替他人进行介绍的具体内容有以下几种基本模式：

一是标准式。它主要适用于各种正规场合，基本内容应包括被介绍双方的单位、部门、职务与姓名。例如，我来介绍一下，这位是五洲集团总经理金光夏先生，这位是新为公司董事长朱珠女士。

二是简介式。它适用于一般性的交际场合，其内容往往只包括被介绍者双方的姓名，有时甚至只提到双方的姓氏。例如，我想替两位介绍一下。这一位是小赵，这一位是老贺。大家认识一下吧。

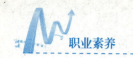

三是引见式。它多用于普通的社交场合。介绍者在介绍时只需要将被介绍者双方引导到一块儿，而往往不需要涉及任何具体的实质性内容。例如，两位想必还不认识！大家其实都是同行，只不过以前不曾相识。现在请你们自报家门吧！

四是强调式。它多用于一些交际应酬之中，其内容除被介绍者双方的姓名外，通常还会刻意强调其中一方或双方的某些特殊之处。例如，这位是日本大德公司的徐力健先生，这位是《××报》的记者黄丹丹女士。顺便提一下，黄丹丹女士是我的外甥女。

3. 介绍集体

介绍集体，又叫作集体介绍，实际上是介绍他人的一种特殊情况。它指的是介绍者在具体介绍他人时，被介绍者之中的一方或双方不止一人。在实践中，集体介绍大致上又可分为以下两种：其一，被介绍者双方均不止一人。其二，被介绍者一方不止一人。介绍集体时，通常应重视下面两个方面的具体问题：

（1）介绍的顺序。

介绍集体时，其先后顺序大都可以比照介绍他人时的规则进行。此外，还有下述几种方法可以参考：

一是单向式。单向式介绍，有时亦称少数服从多数。其含义是：当被介绍者双方一方为一人，另一方为多人时，往往应当前者礼让后者，即只将前者介绍给后者，而不必再向前者一一介绍后者。

二是概括式。当被介绍者双方均人数较多，而又确无必要或可能对其逐一加以介绍时，不妨酌情扼要地介绍一下双方的概况。这就是概括式介绍。例如，介绍一下：这些人都是我的家人，这几位是我生意上的伙伴。

三是尊卑式。尊卑式多见于十分正规的公务交往中。它的具体要求是：在为双方均不止一人的被介绍者进行介绍时，不仅需要先介绍位卑的一方，后介绍位尊的一方，而且在介绍其中任何一方时，均应由尊而卑地逐一介绍其具体人员。例如，各位来宾：这些都是我们上海荣民公司的负责人。这位是荣民公司的副总经理麦克先生，这位是荣民公司的总经理助理熊艳女士，这位是荣民公司的财务总监姚齐先生，各位同人，这些都是来自厦门开源集团的客人们。这位是开源集团的CEO蓝天先生，这位是开源集团销售部经理严莉女士。

（2）介绍的态度。

进行集体介绍时，介绍者在态度上应注意两点：

一是平等待人。进行集体介绍时，对被介绍者双方一定要平等对待。不论介绍的态度、内容还是其他具体方面，均应有规可循，切忌厚此薄彼。

二是郑重其事。介绍集体时，一定要表现得庄重大方，给人以郑重其事之感。此刻不宜乱开玩笑，或显得过于随意。

任务链接

小王有心让朋友老张和自己的新朋友小朱认识,正好有一次小朱陪小王看展览,遇到了老张。小王马上热情地招呼老张。小王先对小朱说:"这就是我常和你提起的老张,是泥塑高手。"随即对老张说:"老张,这是我新认识的朋友,小朱,对泥塑挺有研究的。"人到中年的老张见小朱只是个20多岁的普通青年,不禁感到被介绍给他很丢面子,打个哈哈就走了,不仅没接受小朱这个朋友,还把小王也冷落到一边儿去了。

请结合所学知识分析,小王的此番介绍为什么以失败而告终?

二、社交礼仪

(一)表情礼仪

表情是人的心理状态的外在表现,表情在传达一个信息的时候,视觉信号占 55%、声音信号占 38%、文字信号占 7%。表情礼仪包括眼神礼仪、微笑礼仪。

1. 眼神礼仪

眼神是面部表情的核心。在交往时,眼神是一种真实的语言,从一个人的目光中,可以看到他的整个内心世界。一个良好的交际形象,目光是坦诚、亲切、友善、炯炯有神的。运用眼神时要注意时间、角度、部位、方式、变化等五个方面。

(1)视线接触时间。

在交谈中,听的一方通常应多注视说的一方,目光与对方接触的时间一般占全部时间的 1/3。

① 表示友好。应不时地注视对方。注视对方的时间约占全部相处时间的 1/3 左右。

② 表示重视。应常常把目光投向对方那里。注视对方的时间约占相处时间的 2/3 左右。

③ 表示轻视。目光游离对方,注视对方的时间不到全部相处时间的 1/3,意味着轻视。

④ 表示敌意。目光始终盯在对方身上,注意对方的时间占全部相处时间的 2/3 以上,被视为有敌意,或有寻衅滋事的嫌疑。

⑤ 表示感兴趣。目光始终盯在对方身上,偶尔离开一下,注视对方的时间占全部相处时间的 2/3 以上。

(2)注视的部位。

① 公务凝视(严肃感)。在磋商、谈判等洽谈业务场合,眼睛应看着对方双眼或双眼与额头之间的区域。

②社交凝视（舒适感）。在茶话会、友谊聚会等场合，眼睛应看着对方双眼到唇心这个三角区域。

③亲密凝视（亲近感）。在亲人、恋人和家庭成员之间，目光应注视对方双眼到胸部第二颗纽扣之间的区域。

(3) 注视的方式。

①直视型：直盯对方，使对方有紧迫感，初次见面或不太熟悉的人不适合。警官、法官适用这种目光接触犯人。

②他视型：与对方讲话，但眼睛却望着别处，容易使对方误以为不愿意与他讲话，害羞除外。

③转换型：在与对方讲话时总是四处游移，给人心神不定的感受，也不利于双方谈话。

④柔视型：目光直视对方，但眼神柔和，间或变化一下视角；目光炯炯有神，却又不失温柔。这种目光给人以自信和亲切之感。

⑤斜视型：不正眼看对方，这是很不礼貌的，给人心怀叵测的感觉。

⑥无神型：目光疲软，不时看向自己鼻尖。这种目光表现出冷漠之感。

⑦热情型：目光充满活力，给人以朝气蓬勃之感。在有些场合这种目光让对方情绪渐涨，提高谈话的兴趣；在有些场合则令人反感。

2. 微笑礼仪

微笑分为含笑、微笑和轻笑。

(1) 含笑：只动嘴角肌，有淡淡的笑意，适用于初次视线接触。

(2) 微笑：嘴角肌和颧骨肌同时运动，适用于彼此关系进一步熟悉的视线接触。

(3) 轻笑：嘴角肌和颧骨肌与眼睛周围的扩纹肌同时运动，一般可露出 6～8 颗牙齿，适用于真诚、平和与满意的情绪。

表情礼仪动作练习

1. 眼神练习

(1) 眼睛有神练习。面对镜子睁大双眼，注视着镜中的自己，尽量让眼睛闪光发亮。

(2) 眼睛灵活度练习。在两眼的左右上下的位置用醒目的物体固定在一个点上，眼球做左右横向转动，上、下移动或圆圈转动。练习时头部不要动，只用眼睛随目标转动，训练眼睛的灵活度。

（3）眼神效果检测。结合微笑表情由别人评价效果。

2. 微笑练习

（1）照镜子练习法：用手指放在嘴角并向脸的上方轻轻上提，一边上提，一边使嘴充满笑意。

（2）情绪记忆法：多回忆微笑的好处，回忆美好的往事，使嘴角露出发自内心的微笑。

（3）发音练习法：发"一""七""茄子""田七"的音，练习嘴角肌的运动，使嘴角露出微笑。

（4）情景熏陶法：通过美妙的音乐、幽默笑话等创造良好的环境氛围，学习会心的微笑。

（二）名片礼仪

名片，是当代人际交往中一种经济实用的介绍性媒介。由于名片具有印制规范、文字简洁、使用方便、便于携带、易于保存等特点，而且不讲尊卑、不分职业，不论男女老幼均可使用，因此其用途广泛，颇受欢迎。

对从业者而言，名片绝非可有可无，而是一种物有所值的实用型交际工具。在常规的人际交往中，名片的具体用途有以下几种：

1. 自我介绍

初次会见他人，以名片做辅助性自我介绍，效果最好。它不但可以说明自己的身份，强化效果，使对方难以忘怀，而且可以节省时间，避免啰唆。

2. 结交朋友

主动把名片递给别人，便意味着对对方的友好、信任和希望深交之意。没有必要每逢遇见陌生人，便上前递上自己的名片。也就是说，巧用名片，可以为结交朋友铺路架桥。

3. 维持联系

名片犹如袖珍通信录，利用它所提供的资料，即可与名片的提供者保持联系。正因为有了名片上所提供的各种联络方式，人们的来往才变得更加现实和方便。

4. 业务介绍

公务式名片上列有归属单位等内容，因此利用名片亦可为本人及所在单位进行业务宣传，扩大交际面，争取潜在的合作伙伴。

5. 通知变更

利用名片，可以及时地向老朋友通报本人的最新情况，如晋升职务、乔迁新居、变换单位、电话改号等。以变更后的新名片向老朋友打招呼，还可以使彼此的联系畅通无阻，使对方对自己的有关情况了解得更充分。

6. 拜会他人

初次前往他人居所或工作单位进行拜访时，可将本人名片交由对方的门卫、秘书或家人，转交给被拜访者，以便对方确认来者系何人，并决定见或不见。此种做法比较正规，可避免冒昧的造访。

7. 简短留言

拜访他人不遇，或者需要请人转达某件事情时，可在名片上写下几行字，然后将它留下，或托人转交。这样做，会使对方如闻其声、如见其人，不至于误事。

8. 用做礼单

向他人赠送礼品时，可将本人名片放入其中，或将之装入一个不封口的信封中，然后再将该信封固定于礼品外包装的上方，从而说明此乃何人所赠。

9. 替人介绍

介绍某人去见另外一个人时，可用回形针将本人名片（居上）与被介绍人名片（居下）固定在一起，然后将其装入信封，再交予被介绍人。这是一封非常正规的介绍信，按惯例会受到他人的高度重视。

数 字 名 片

在这个数字化时代，我们的商务社交活动也有了改变，包括职场交往中非常重要的一个环节——交换名片。传统纸质名片受困于实体物件的诸多限制，如不易保管、信息量有限等，正在逐渐被时代淘汰。而数字名片应运而生，弥补传统名片的诸多缺陷，从而顺应快速发展的时代潮流。数字名片的特性如图2-2所示。

图2-2 数字名片的特性

数字名片，开启商务社交新姿态

随着各产业加速数字化转型，"非接触式商务社交"成为职场上的主要交际方式，这种线上交际的方式也扩大了职场人的社交范围，远在千里之外也能彼此了解、洽谈交易。而"数字名片"，便是进行"非接触式商务社交"的第一步。

"数字名片"打破了传统的纸质名片只能线下交换、无法及时更新、企业形象单一的局限性，让名片样式更加灵活，内容更加丰富精彩。

通过图文等信息的数字化呈现，能让客户对公司有完整了解，从而更好地留住客户、稳定客户。同时，企业还可以对名片的投送状态保持后续跟踪，进行名片轨迹分析，大大提高工作效率，实现真正意义上的有效社交。

目前，企业的产品再有优势，也赶不上数字化的转型趋势，个体的企业营销体系再强大，也无法做到基于数字化和大数据的智能选品、供应链协同、精准营销。因此，通过运用数字化营销工具，定制企业专属"数字人名片"，可以助力企业转型，带动企业的融通发展。

"数字名片"将人脉管理与商业链接叠加，形成商务社交新礼仪，开启商务社交新姿态，为企业带来数字化转型新机遇。

"数字名片"的技术优势

纸质名片及宣传资料的使用生命周期短，其价值有限，浪费资源。使用数字名片可以降低企业纸质名片及宣传材料的印刷成本，绿色环保，为实现中国碳中和与碳达峰的目标赋能。

AI 科技强化企业形象

企业可以线上线下统一名片样式，批量导入员工信息，创建名片，批量分发。使用前沿科技为企业与员工赋能，打造创新进取的新时代企业形象。

形式绘声绘色

"数字名片"可将图文、音视频形式融合，呈现出的内容更为清晰直观，方便他人快速了解信息。使用者相当于拥有了一个数字分身，这是"数字名片"区别于其他电子名片的重要标志。

实现多场景应用

员工使用数字名片不需要随身携带，点击即用，能够实现线上线下多场景使用。数字名片也方便客户保存、收藏、查找，利人利己。

即时更新与投送

数字名片拥有及时更新、及时投送的功能，随时随地修改名片信息，灵活方便。还能够进行批量转发，可以大大提高员工的工作与社交效率。

沉淀数据资产

数字名片可以帮助企业沉淀数据资产，对其轨迹数据进行持续跟踪，可以用来分析客户线索，管理客户。

"数字名片"在企业中的实际应用已经存在相当多的案例，例如：

在快消品应用场景中，一个快消品集团可以对旗下所有门店的销售人员进行统一名片管理。包括日常经营中的新产品介绍、营销活动海报、粉丝社群二维码等。

店铺销售人员可以将企业数字名片分发到粉丝社群、朋友圈和其他平台，在分享名片裂变过程中，访客溯源功能可以对访客行为全跟踪，形成客户关系管理机制，实现私域流量积累和营销拓客的双重目的。

实现虚拟数字技术创新，已成为今后我国实现产业创新和技术强国的必经之路。数字名片在实际场景中的应用，将会越来越广泛与普及。

（资料来源：https://baijiahao.baidu.com/s?id=1733961404119728461&wfr=spider&for=pc）

快速认识，得体交际

1. 训练内容

分组自行创设主题商务情境活动，并向全班同学表演。

2. 训练目的

（1）学会介绍自己和上司（领导）。

（2）学习姿态、握手、交换名片等基本礼仪。

（3）掌握并遵守健康、文明的社交礼仪。

（4）知礼、守礼，塑造良好的个人形象。

3. 训练要求

（1）按学习小组，分别设计一个情境，由小组成员上台表演，时间5分钟。

（2）情境中应更多地包含职业礼仪的相关要素。

（3）情境的设计思路要流畅、具有整体故事性。

（4）上台表演者的礼仪举止要规范、得体，态度认真。

（5）表演结束后，各组长介绍本组设计思路和表演特点，并用一两句话表达自己对礼仪的感悟。

（6）根据整体表现分组打分，并点评其他小组表演的优缺点。

（7）建议在总分中教师打分占50%，学生组长打分占 50%。

任务二　工作场合，要注重服饰礼仪

孙玫的面试

孙玫到一家外企去应聘秘书。去面试之前，她对自己进行了精心修饰：身着时下最流行的牛仔套裙，脚蹬一双白色羊皮短靴，橘色的挎包。为和这身打扮配套，孙玫还化了彩妆，她对自己的打扮相当满意。

来到公司，孙玫发现自己在众多应征者中显得是那么的与众不同，她甚至感到一点得意。正在这个时候，孙玫碰见了恰好来此处办事的好朋友王女士。"你也来找人吗？"王女士问道，"我是来应聘的。""应聘？你的这身打扮更像约人去喝下午茶。"快人快语的王女士说道。"是吗？"孙玫疑惑起来，她扫描了一下四周，果然其他人都穿素色的职业套装。孙玫的心里一下子变得不稳定起来，开始的自信也被动摇了。在后来的面试中，孙玫完全因为这次的着装乱了阵脚，结果也就不言而喻了。

衣着，在人际交往中体现的是一个人的职业、身份、地位以及修养，等等。正确着装，是指在不同的场合要穿适宜的服装，既适合身份，又适合场景。正规场合坚持"穿衣戴帽各有所好"是行不通的，大学生要端正对服饰的认识。服饰具有极强的表现功能，在社交活动中，人们可以通过服饰来判断一个人的身份、地位、涵养。服饰可以提升一个人的仪表、气质，得体的服饰是一种内在美和外在美的统一。

1. 掌握着装的基本原则。
2. 学会分场合穿得体的服装。

一、服饰是一种艺术

穿衣服，适合自己的就是最好的。要针对自己与生俱来的肤色、发色等身体基本特征

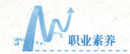

和个人身材轮廓等总体风格特点，认真比较，为自己找到最合适的服饰颜色、款式、搭配方式等，使自己的穿着更和谐、更具美感、更具有个性。

服饰文化发展到今日，完美的搭配比单件的精彩更为流行。不管是颜色还是款式的搭配、饰物的选择，和谐才是最好的。一件漂亮的衣服不一定适合所有的地点、时间、场合。因此，我们在着装时应该要考虑时间、地点和场合这三方面的因素。

因此，我们要借助服饰，创造出一种衣着得体的感觉。不论是高矮胖瘦，年轻的还是年长的，只要根据自己的特点，用心地去选择适合自己的服饰，总能找到最适合自己气质的服饰。

另外，在职场上，职业服饰并不意味着抹杀个性，社交场合更要树立个人形象。不同的人由于年龄、性格、职业、文化素养等各方面的不同，自然就会形成各自不同的气质，我们在选择服装时，必须深入了解自我，正确认识自我，选择适合自己的服饰，尽显自己的风采。

二、着装的五原则

（一）整洁原则

整洁原则是指整齐干净的原则，这是服饰打扮的一个最基本的原则。一个穿着整洁的人总能给人以积极向上的感觉，并且也表示出对交往对方的尊重和对社交活动的重视。整洁原则并不意味着时髦和高档，只要保持服饰的干净合体、全身整齐有致即可。

（二）个性原则

个性原则是指社交场合树立个人形象的要求。不同的人由于年龄、性格、职业、文化素养等各方面的不同，自然就会形成各自不同的气质，在选择服装进行服饰打扮时，不仅要符合个人的气质，还要表现出自己美好气质的一面。

为此，必须深入了解自我，正确认识自我，选择适合自己的服饰，这样，可以让服饰尽显自己的风采。

（三）和谐原则

和谐原则是指协调得体原则。即选择服装时不仅要与自身体型相协调，还要与着装者的年龄、肤色相配。服饰本是一种艺术，能掩盖体形的某些不足。

借助于服饰，能创造出一种美妙身材的错觉。不论是高矮胖瘦，年轻的还是年长的，只要根据自己的特点，用心地去选择适合自己的服饰，总能创造出服饰的神韵。

（四）T.P.O 原则

T.P.O 分别是 Time、Place、Occasion 三个单词的缩写字头，即着装的时间、地点、场合的原则。一件被认为漂亮的衣服不一定适合所有的场合、时间、地点。因此，在着装时应该要考虑到这三方面的因素。

着装的时间原则，包含每天的早、中、晚时间的变化；春、夏、秋、冬四季的不同和时代的变化。着装的地点原则是指环境原则。即不同的环境需要与之相适应的服饰打扮。着装的场合原则是指符合场合气氛的原则。即着装应当与当时当地的气氛融洽协调。服饰的 T.P.O. 原则的三要素是相互贯通、相辅相成的。

（五）配色原则

服饰的美是款式美、质料美和色彩美三者完美统一的体现，形、质、色三者相互衬托、相互依存，构成了服饰美统一的整体。而在生活中，色彩美是最先引人注目的，因为色彩对人的视觉刺激最敏感、最快速，会给他人留下很深的印象。

服饰色彩的相配应遵循一般的美学常识。服装与服装、服装与饰物、饰物与饰物之间的色彩应色调和谐，层次分明。饰物只能起到"画龙点睛"的作用，而不应喧宾夺主。

服饰色彩在统一的基础上应寻求变化，肤与服、服与饰、饰与饰之间在变化的基础上应寻求平衡。一般认为，衣服里料的颜色与表料的颜色，衣服中某一色与饰物的颜色均可进行呼应式搭配。

三、职场人的服饰之美

现代职场人在工作中所选择的服饰，一定要合乎身份、素雅大方，不应有悖人们的常规审美标准。职场人在工作场合所选择的服饰，其色彩宜少不宜多，图案宜简不宜繁，切勿令其色彩鲜艳抢眼、图案繁杂不堪。在经费允许的条件下，职场人应尽量选用质地精良的服饰。正装一般应选用纯毛、纯棉或高比例含毛、含棉面料，忌用劣质低档的面料。现代职场人服饰的款式，应以素雅庄重为基本特征，若款式过于前卫、招摇，则与现代职场人的身份不符。现代职场人的服饰虽不必选择名牌货、高档货，但对具体做工应予以重视。若做工欠佳，则必定有损职场人的整体形象。

在讲究美观的同时，职场人在选择服饰时也不应对雅致有所偏废。如果要做到服饰高雅脱俗，一方面应以朴素大方取胜，另一方面则应要求文明得体。具体来说，主要应注意以下几个方面：

（1）忌过分炫耀。现代职场人在工作之中所佩戴的饰物，应当以少为妙。不提倡在工作场合佩戴高档的珠宝首饰，或是过多数量的金银首饰，不然便有张扬招摇之嫌。

（2）忌过分裸露。在工作中，现代职场人的着装不应过分暴露自己的躯体。不露胸、不露肩、不露背、不露腰、不露腿等"五不露"，便是对现代职场人着装的基本要求。此外，不使内衣外露，也不应内衣长、外衣短。

（3）忌过分透视。现代职场人在正式场合的着装，不允许过于单薄透明。在任何时候，都不允许现代职场人穿能看到内衣的外衣。

（4）忌过分短小。现代职场人的衣着，不应以短小见长。在任何正规场合，背心、短裤、超短裙、露脐装等过分短小的服装，都难登大雅之堂。

（5）忌过分紧身。选择过分紧身的服装，意在显示着装者的身材，而现代职业人在工作之中显然是不适合这样做的。

四、男士应该如何穿西装

西装本身具有严谨的结构和特有的穿着规则，不同于其他的便服可以"随心所欲"。西装的款式应偏向于稳重大方，切忌过于新潮、花哨，否则会给人轻佻、不成熟的感觉。男士着装如图2-3所示。

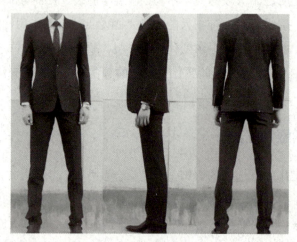

图2-3 男士着装

西装的颜色，应随着季节的变换而不同，冬季宜选择偏深色，夏季则宜选择偏浅色，用于表现出稳重大方的特质。西装一定要烫得笔挺，这样才能更好地突出人的神态，给人以精力充沛、做事干练的感觉。

西装的扣子是绝对不能全部扣上的。如果是两粒扣的，只能扣上面的一个；如果是三粒扣的，那么只能扣最上面的两个。

西装的领带不要触及皮带，裤长要适中，标准的西裤长度为裤管盖住皮鞋。西装的口袋里什么都不能放，哪怕是一张纸。有的人喜欢在胸前的口袋里放一支笔，这也是不符合礼仪要求的。

此外，男士着装应注意以下几个问题：

（1）在正式场合，应穿西装、打领带、深色皮鞋、深色袜子。

（2）"三个三"原则：

① "三色原则"：全身衬衣、领带、腰带、鞋袜不要超过三个色系。

② "三一定律"：鞋子、腰带、公文包要一个色系。

③ "三大禁忌"：忌穿白袜子、忌穿夹克衫打领带、忌不拆袖子商标。

五、女士服饰的细节

女士服饰的细节如图 2-4、表 2-1 所示。

图 2-4　女士服饰的细节

表 2-1　女士服饰的细节

服饰细部	服饰细节要点
头发	是否整洁；与工作要求是否相符；饰品是否合适
上衣	是否熨烫；是否整齐
包	质量；样式；颜色
裙子	是否有褶皱；长短是否合适
长袜	颜色是否合适
化妆	是否给人健康、整洁的感觉；是否过于鲜艳
衬衫	是否有污渍；是否有斑点或褶皱
手	指甲是否过长；指甲油的颜色是否过于鲜艳
皮鞋	是否擦拭；颜色、样式是否合适

女士着裙装应该注意以下几个事项：

1. 不穿黑色皮裙

黑色皮裙在国际社会，尤其在西方国家，被视为一种特殊行业的服装，所以，一般女

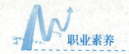

士在穿着裙装方面要首先注意这个问题。越是正规场合，越不能穿黑色皮裙。

2. 正式场合不宜不穿丝袜

夏天穿裙子主要是为了凉爽，在普通的休闲场合，女性穿裙装可以不穿丝袜。但在正式场合却不适宜这样做，否则会影响职业形象。

3. 不露"三节腿"

所谓"三节腿"，是指女性穿裙装和袜子时没有搭配好，使丝袜的长度低于裙子的下摆，袜口外露形成丝袜、腿部皮肤和裙子"三节腿"。有人觉得光腿不好，高筒袜又太热，就改穿短袜，结果形成恶性分割；有人也认为应该穿高筒袜，但到了下午觉得太热，就把袜子卷一卷，露出三节腿；有人也穿袜子，但裙子太短，连膝盖都到不了，这也成了"三节腿"。

4. 不穿太暴露、性感的裙装

如果是在休闲时间，女性穿裙装时可以在能接受的尺度内穿得靓丽性感一些。不过，在正式场合，职业女性应避免穿太过暴露或太性感的裙子。一般来说，裙子应到膝盖或膝盖以下，同时不适合穿太紧身的裙子。

5. 不能忽略裙装和鞋袜的搭配

女士穿西装套裙不能穿便鞋，一定要与裙、袜、鞋相搭配，达到整体协调。一般来说，西装套裙、制式皮鞋和肉色或深色丝袜是比较常见的搭配。

着装体现职业素养

1. 训练内容

正装穿着训练。

2. 训练目的

（1）学会正确穿着职业装，举止优雅、言谈得体。

（2）男生学会领带的一般打法。

（3）女生学会基本的服饰搭配。

（4）体会正确着装也是对他人的一种尊重。

3. 训练要求

（1）上课前提前穿好职业装。

（2）分组向全班同学展示。

（3）从整体形象（穿着、走姿、言谈等）评选出每组穿着最佳的同学1~2名。

（4）请被评选出的同学谈谈对个人着装的认识和想法。

项目三　锻炼表达能力

表达能力又叫作表现能力或显示能力，是指一个人把自己的思想、情感、想法和意图等，用语言、文字、图形、表情和动作等清晰明确地表达出来，并善于让他人理解、体会和掌握。表达能力包括口头表达能力、文字表达能力、数字表达能力、图示表达能力等形式。数字表达能力、图示表达能力属于专业范围内修炼的基本技能。下面主要介绍口头表达能力和文字表达能力。

任务一　书面表达，不可或缺的一种表达能力

获助学金感谢信

尊敬的领导：

　　你们好！

　　我是享受国家助学金的学生，今天，我怀着万分感激之情写下这封信，希望能够借着这封信感谢国家的大好政策，感谢政府对我们的帮助和扶持，感谢国家为我们发放的助学金，感谢在助学金评选工作中付出辛勤努力的老师和同学们。

　　非常感谢你们对我们困难在校大学生的关心和爱护，对我们学习的支持和鼓励，让我们有和其他同学一样的机会在教室里学习，有同样的机会听老师们传授知识，在学校里安心地追求自己的理想和目标，努力实现自己的人生价值。

　　我作为一个来自农村的孩子，能有机会走出农村来到城市里上学，原因有三：一是父母的支持和鼓励，他们是我的学习动力和努力的来源；二是社会上好心人的帮助，他们是我得以继续学习的物质基础和保障；三是我自己的努力和追求，这是我得以坐进大学教室里接受再教育的基本条件。当然父母之恩大于天，自古如此，然而，我认为社会上那些好心帮助我们的热心人更值得我们真诚地感谢。

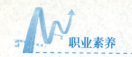

自古到今，滴水之恩定以涌泉相报，我不能很确定地说我以后一定会成为多么了不起的人物、多么杰出的人才，怎么样去回报一直以来帮助着我的社会；但是我想，我一定会努力，尽量让自己做得更好！让他们认为对我的付出是值得的，没有徒劳无功！

作为一个大一的学生，我已融入了这样一个与以前不一样的生活氛围。同时，我也在努力学习各个方面的知识。我知道我应该学会怎么回报社会和国家的关爱。学以致用，我会努力把自己所学到的知识文化尽快地用到社会实践中，尽快地把精神财富转化为物质财富。我常去参加各种社会实践，通过最近几个月在社会上的实习实践，我更懂得了学生在学校里更多学到的是理论知识，而这些还是远远不够的，在社会上还需不断地学习实践经验，不断地吸取教训和总结心得。

现实是残酷的，也是公平的，它会给每个人同等的机会。我想：自己的出生是自己不能选择的，物质是贫困的，但那是过去和当下，自己以后的人生方向是可以选择的。物质的贫困不能代表精神和思想的贫困，不能代表灵魂的空虚和匮乏。我希望通过不断进取来充实自己的思想和灵魂空间，来改善自己目前不富裕的现状，来改善贫困的家庭境况。

每当看见别的同学打扮得漂漂亮亮，穿好看的衣服，背漂亮的包，我也曾羡慕过，毕竟爱美之心人皆有之。但我知道这些对我来说都不是重要的，重要的是搞好自己的学习，让自己在大学学到知识。我不能也不会和别人攀比那些，我辛苦的父母，不富裕的家庭能够供我念大学，让我能够不断深造、不断提高、不断完善自我，我已经感到很庆幸和满足了。

现在我又获得了助学金，得到了国家和学校的帮助和支持，让我感受到了他们的无限关怀。而我要用自己的勤奋努力来回报父母、回报国家、回报社会，也满足自己对知识的渴望。让我们不断树立信心，在国家、学校和社会的关怀相伴下，坚定自己的信念，自立自强，向我们的理想勇敢前行。

再次诚挚地感谢你们对我的照顾和帮助！

此致

敬礼！

任务启示

看完这封感谢信，相信很多人都会有所触动，这就是文字的力量，由此可见文字表达能力的重要性。

所谓书面表达，就是写文章。书面表达能力，就是写作能力。对于同学们来说，尤其需要加强应用写作能力。鲁迅先生曾说过："凡有文章，倘若分类，都有类可归。"应用文就是应用写作的表现形态。有学者认为，应用写作是写作学的一个重要分支。所谓写作，是人们在感受、认识客观事物的过程中，用语言符号把思维结果有选择地记录、表达出来的创造性的精神劳动。应用文写作，是以处理有关具体事务、解决实际问题为目的的写作。

任务目标

1. 掌握常用应用文的写作技巧。
2. 提高应用文写作能力。

任务学习

应用文是人类在长期的社会实践活动中形成的一种文体；是人们传递信息、处理事务、交流感情的工具，有的应用文还用来作为凭证和依据。随着社会的发展，人们在工作生活中的交往越来越频繁，事情也越来越复杂，因此应用文的功能也就越来越多了。应用文是各类企事业单位、机关团体和个人在工作、学习和日常生活等社会活动中，用以处理各种公私事务、传递交流信息、解决实际问题，具有实用价值、格式规范、语言简约的多种文体的简称。

一、应用文写作的注意事项

应用文写作能力需要通过训练才能提高。在应用文写作中，我们应注意以下四个方面：

1. 写作目的明确

使用应用文是为实现特定目的，因此写作应用文的动因与目的十分明确。

2. 语言表达规范

应用文主要使用规范的现代汉语（可适当采用一些古语词汇），文章的语言庄重、简洁、严密，这一点和文学作品形成了鲜明的差异。

3. 格式体例稳定

大多数应用文已经形成了稳定的通用格式和体例，这体现了其规范性和严肃性，撰写者在拟文时必须遵守格式体例的要求。

4. 时间要素明确

应用文所针对的事务一般是在一定时期内有效的，因此执行时间、有效期和成文日期等时间要素非常明确。

二、应用文写作的要点

那么该怎样提高自己的应用文写作能力呢？以下三个要点应加以注意：

1. 以理论为指导

应用文写作的理论对应用文写作实践有直接、具体的指导作用。掌握其理论，正确认识各类应用文的特点和写法，无疑会有助于我们进行写作实践。但是有的人存有一种偏见，认为实践性强的课程就不必学习理论，只要苦练，就能练出真功夫。很多事实证明，不学习理论，就难以提升理论水平，做起事来，容易走弯路，事倍功半。有的人学习理论不与实践相结合，把它束之高阁，想都不去想它，那么理论就什么作用也没有。有的人上课，记完笔记，下课再也不看，也属于这类问题。我们要把知识化为己有，需要认真掌握其基本概念，理解本门课程的理论框架，熟悉重要的例文，把握其中的规律，这样才能将知识转化为能力。

2. 以例文为借鉴

应用文写作的学习需要经历模仿、熟悉、自如三个阶段。在应用文训练中，阅读例文、模仿例文写作是第一步；熟悉应用文的格式，领悟应用文的写作思路是第二步；反复练习，最终达到写作自如是第三步。因此，对例文的分析和模仿是学习应用文写作的重要途径。例文分析可以使我们从中领悟具体的写作规律。典型例文可以帮我们开拓思路、掌握技法，瑕疵例文可以使我们吸取教训、总结经验。

3. 以训练为中心

将应用文写作知识转化为写作能力，主要依靠有目的、有计划的写作训练。尽管写作能力是各种知识的综合体现，但有重点地针对应用文的特点进行训练，对于掌握应用文的基本写作方法是十分有效的。那种只想听听课，不想动笔的人，是无法提高应用文写作水平的。

以上三点是就应用文写作本身而言的，若要提高应用文的写作水平，还必须加强修养，全面提高自己的素质。

三、应用文写作的特点

1. 实用性强

应用文在内容上十分重视实用性。它是用来办事、解决实际问题的，具有很强的实用性。

2. 真实性强

"真实"是文章的生命，一切文章都要求具有真实性。对于这一点，各类文章要求不同。它反映的情况、问题，叙述的事实是客观存在的，发布、传达上级指示精神是确有的，不能经过任何艺术加工。

3. 针对性强

根据不同的领域、不同的具体业务、不同的行文目的，选用不同的文种。

4. 时效性强

应用文在传递信息、解决实际问题方面取得好的效果，必须注意时间、效率，讲究时效性。一般来说，应用文往往是在特定的时间来处理特定的问题，尽快传递相关信息，因此时效性很强。不及时发文，拖拖拉拉，或时过境迁再放马后炮，使信息失败，就会失去其实用价值。

5. 格式化比较固定

应用文有其惯用的外观体式和主体风格。有不少体式是社会长期约定俗成的，也有一些体式由国家统一规定，如公文。还有一些应用文格式比较简单。不论体式如何，都是为了提高办事效率，更好地发挥它的工具作用。

应用文是党政机关、社会团体、企业事业单位等在日常工作、生活中处理各种事务时，经常使用的具有明道、交际、信守和约定成俗的惯用格式文体，是人们传递信息、处理事务、交流感情的工具，有的应用文还用来作为凭证和依据。

四、常见应用文的写作要点

（一）通知

（1）标题：第一行居中写明"通知"或"关于××的通知"。

（2）换行顶格写明被通知方的名称，后用冒号。

（3）正文：另起一行空两格写通知内容，如会议通知包括会议内容、时间、地点、出席对象和有关准备事项等。

（4）如有文件、图表类附件，应在正文后隔一行，按照所附文件的顺序写明文件的名称。

（5）落款：在正文之后的右下角写明制发该通知的机关名称，如果在标题中已经标明制发机关名称的，此处可以省去。正文下一行的右下方写发出通知的单位或组织。

（6）日期：在署名下一行写明制发此通知的年、月、日。

【示例】

通　　知

各班班主任和政治老师：

兹定于×月×日（星期×）下午三时在党支部办公室召开班主任和政治老师会议，讨论研究怎样加强学校政治思想工作问题。请充分准备意见，准时参加。

党支部办公室（盖章）
×年×月×日

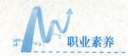

(二)请假条

(1)标题:第一行居中写明"请假条"。

(2)称呼:转行顶格写明被通知方的名称,后用冒号。

(3)正文:另起一行空两格写请假内容,交代请假原因、请假起止时间、请求准假等。

(4)署名:写在正文下一行的右边。

(5)日期:写在署名下一行的右边。

【示例】

请 假 条

李老师:

因我的爷爷生病住院,需回家探望,特向您请假两天(3月16、17日)。请您批准。

学生:张小亮
2023年3月15日

(三)申请书

申请书是个人或集体向组织表达愿望,向机关、团体、单位领导提出请求时写的一种书信。申请书应把该写的问题写清楚,但要注意精练。申请书一般是一事一书,如"入团申请书""入党申请书"等。申请书格式如下:

(1)标题:首行居中写明"申请"或"×××申请"。

(2)称呼:换行顶格写接收申请书的单位名称或领导姓名,后用冒号。

(3)正文:另起一行空两格写申请内容。内容应包括三个方面:第一,申请什么,要求批准什么;第二,提出申请的目的和理由;第三,表明自己的态度(或决心、愿望等)。

(4)结尾:写表示敬意之类的专用语。

(5)署名:正文下一行的右下方写提出申请的个人或集体。

(6)日期:在署名的下一行的右面写明提出申请的年、月、日。

申请书与请柬、感谢信、倡议书等属于专用信。申请书除第一行居中写申请名称外,其余部分与一般书信的格式一样。请求的事情一定要写明确,理由要充分,言辞也要恳切。

【示例】

申请补办学生证

教务处：

  我是大二信息技术学院学生×××，不慎将学生证遗失，多方寻找仍未找到。特提出申请，请求补办学生证，希望批准。

  此致

敬礼！

申请人：×××
2022 年 9 月 20 日

（四）启事

  启事是机关团体、企事业单位、公民个人有事情需要向公众说明，或者请求有关单位、广大群众帮助时所写的一种说明事项的实用文件。

  启事应提出要求和希望，说明有关注意事项及办理程序等。有些内容则不应具体明确，如"招领启事"中有关失物的详情，以防冒领。

  启事有寻物启事、寻人启事、招领启事、征稿启事等。

  一般格式如下：

（1）标题：第一行居中写明"××启事"。

（2）正文：另起一行空两格写启事内容，交代有关事情的原委和目的。

（3）署名。

（4）日期。

【示例】

寻 物 启 事

  本人不慎于 2023 年 5 月 8 日上 8 时左右，在××公园遗失黑色书包一个，内有身份证、驾驶证、图书证等重要证件。望好心人拾到后与本人联系，定当面重谢！

联系人：王先生
联系电话：×××××××××××
2023 年 5 月 8 日

（五）广告语

广告语属于特殊的应用文文体。它的特殊性表现在，它要利用推销原理写出雅俗共赏、生动有趣的文字，要考虑消费者的接受心理，要具有特殊的感染力，能在瞬间引起消费者注意，刺激其心理需求，使消费者保持记忆，最终促成购买行为的实现。

公益性广告目的是引起人们对某些社会问题的关注，起着劝诫和警示的作用，不带功利色彩。

【示例】

"荷花牌"涤棉蚊帐

炎炎夏夜，蚊虫叮咬，困乏难耐，何以解忧？唯有"荷花"。

"荷花牌"涤棉蚊帐，如烟，似雾，玉洁，冰清，飘飘然使您如入仙境，甜蜜蜜伴君美梦，借问蓬莱何处寻，就在那"荷花"帐中。

经销地址：××市万众商厦二楼5号
电话：（08××）-559305××
联系人：赵女士

（六）聘书（邀请函）

聘书是聘请某些有专业特长的人担任某种职务时使用的一种文书。邀请函是邀请亲朋或知名人士、专家等参加某项活动时所发的请约性书信。

格式要求如下：

（1）标题：首行居中用稍大号字写"聘书"或"邀请函"（见图3-1）。

图3-1 邀请函示例

（2）称呼：换行顶格写被聘者或被邀请者的姓名，后加冒号。

（3）正文：换行空两格写正文。写清聘请或邀请的事由及注意事项。末尾可写上"恭请光临"等礼貌用语。

（4）落款：换行在偏右的位置分两行分别写上发出邀请的个人或单位以及落款日期。单位名称后要加盖公章。

【示例】

邀 请 函

尊敬的李老师：

  您好！

  我校定于 2018 年 9 月 28 日晚上 7 点，举行以"诵月"为主题的诗词朗诵比赛，想邀请您担任活动主评委，希望您能在百忙之中抽空参加。

××职业学院团委会（盖章）
2022 年 9 月 21 日

（七）条据

条据包括收条、借条、欠条、留言条，等等。

收条是收到别人钱物时写给对方作为凭借的条据，是一种凭证性文书。

借条是借到集体或个人的钱物时写给对方的凭证性条据。

欠条是指人们在经济交往中，因不能及时结清钱物手续而写给对方的凭证性条据。

这几种条据的格式基本相同，通常包括标题、正文、结语、署名和日期几部分。

（1）标题：第一行居中以稍大字体写"收条""借条"等字样，或者写"今收到""今领到"等。

（2）正文：第二行空两格书写正文。应写清楚什么人、什么东西（钱或物）、具体数量。

（3）结语：在正文后另起一行空两格书写"此据"字样。也可省略不写。

（4）署名和日期：在右下方位置写上立据者姓名，并在姓名下方写上立据日期。

【示例】

借 条

  为参加艺术节，我班借用学校体育组运动服捌套，演出后（12 月 18 日）即归还。

  此据

经手人：王　雨
2022 年 12 月 1 日

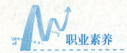

（八）倡议书

倡议书一般由标题、称呼、正文、结尾、落款五部分组成。

1. 标题

倡议书标题一般由文种名单独组成，即在第一行正中用较大的字体写"倡议书"三个字。另外，标题还可以由倡议内容和文种名共同组成。如"节约用水倡议书"。

2. 称呼

一般顶格写在第二行开头。

倡议书的称呼可依据倡议的对象而选用适当的称呼。如"广大的青少年朋友们"等。有的倡议书也可不用称呼，而在正文中指出。

3. 正文

倡议书的内容需包括以下几个方面：

（1）写倡议书的背景原因和目的：倡议书的发出贵在引起广泛的响应，只有交代清楚倡议活动的原因，以及当时的各种背景事实，并申明发布倡议的目的，人们才会理解和信服，才会自觉行动。这些因素交代不清就会使人觉得莫名其妙，难以响应。

（2）写明倡议的具体内容和要求：这是正文的重点部分。倡议的内容一定要具体化。开展怎样的活动，要做哪些事情，具体要求是什么，它的价值和意义都有哪些，均需一一写明。倡议的具体内容一般是分条开列的，这样写往往清晰明确，一目了然。

4. 结尾

结尾要表示倡议者的决心和希望或者写出某种建议。倡议书一般不在结尾写表示敬意或祝愿的话。

5. 落款

落款即在右下方写明倡议的单位、集体或个人的名称或姓名，署上发倡议的日期。

【示例】

倡 议 书

亲爱的老师和同学：

　　长期以来，人们认为水"取之不尽，用之不竭"，在日常生活中用水不知珍惜。事实上，我们生活中存在着相当严重的水资源浪费问题，留意一下就会发现身边的确存在着这样或那样浪费水资源的现象。节约用水，不仅仅是一句口号，应该从一点一滴做起。大而言之，为了保护并合理利用国家有限的水资源；小而言之，为了维护学校和我们的利益，为学校发展做贡献，我们特向全体师生发出节约用水倡议：

1. 请尽量使用脸盆洗脸、洗手。

2. 请控制水龙头水流大小，并及时关水。

3. 请做到一水多用。

4. 见到有浪费水资源的行为，请及时制止。

5. 发现水龙头滴水，请及时拧紧水龙头。

6. 宣传节约用水，做到身体力行，带动身边的老师、同学共同节约用水。

　　自来水不是"自来的"，水资源也是有限的，我们必须科学合理地加以利用，节约用水，提高水的重复利用率，为此向大家倡议：积极行动起来，从我做起，珍惜点滴，杜绝浪费。此外，也应该认识到：珍惜水资源，保护水环境从我做起。只有这样，我们的水环境才能得到彻底改善。

　　最后我发自内心地呼吁大家：珍惜水资源，节约水资源，从现在开始！

××学校××年级××
2023 年 6 月 8 日

（九）表扬信

表扬信通常由标题、称谓、正文、结尾和落款五部分构成。

1. 标题

一般而言，表扬信标题单独由文种名称"表扬信"组成，位于第一行正中。

2. 称谓

表扬信的称呼应在开头顶格写上被表扬的机关、单位、团体或个人的名称、姓名。写给个人的表扬信，应在姓名之后加上"同志""先生"等字样，后边加冒号。若直接张贴到某机关、单位、团体的表扬信，开头可不必再写受文单位。

3. 正文

正文的内容要另起一行，空两格写。一般要求写出下列内容。

（1）交代表扬的理由：用概括叙述的语言，重点叙述人物事迹的发生、发展、结果及其意义。叙述要清楚，要突出最本质的方面，要用事实说话，少讲空道理。

（2）指出行为的意义：在叙事的基础上进行评价、议论，赞颂该人所作所为的道德意义。如指出这种行为属于哪种好思想、好风尚、好品德。

4. 结尾

该部分要提出对对方的表扬，或者向对方的单位提出建议，希望对某人给予表扬。如"×××同志的优秀品德值得大家学习，建议予以表扬"。写给个人的表扬信，则应适当谈些"深受感动""值得我们学习"等方面的内容。并要求在结尾处写上"此致敬礼"等结束用语。但"此致""祝""谨表""向你"等词写在末尾，其余的字，要另起

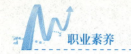

一行，顶格写。

5. 落款

落款应写明发文单位名称或个人姓名，并在右下方注明成文日期。

【示例】

表　扬　信

可亲可敬的献血者：

　　5月21日9点，由××大学××分校红十字会组织的"爱心献血感恩社会"——2023年无偿献血活动在图书馆前广场拉开序幕，来自政法学院各年级的同学们积极自愿地参加了这次献血活动。

　　血液是宝贵的，更可贵的是关爱他人的博爱之心。政法学院的30名学子积极参加无偿献血活动，不仅挽救了许多人的生命，而且弘扬了救死扶伤、乐于助人的奉献精神，充分体现了当代大学生以真情奉献社会，以爱心温暖校园的崇高思想品德。你们献出的一份爱心，将使整个社会变得更加温馨与和谐！

　　我们相信，全体师生都将以你们为榜样，加入无偿献血的队伍中来，在人民需要我们的时候，奉献我们的热血和爱心。

　　最后，真诚地希望政法学院领导能对所有献血的和有心献血的同学们给予表扬！感谢同学们的奉献，祝愿你们今后身体健康、学业有成，为学校和国家的发展做出更大的贡献！

红十字会
2023年5月22日

（十）感谢信

1. 感谢信的含义

感谢信是向帮助、关心和支持过自己的人表示感谢的专用书信，有感谢和表扬双重意思。

2. 成文格式

感谢信通常由标题、称呼、正文、结语和落款五部分构成。

（1）标题。

感谢信标题的写法有这样几种形式："感谢信"，是单独由文种名称组成的；"致×××的感谢信"，是由感谢对象和文种名称共同组成的；"××街道致××剧院的感谢信"，是由感谢双方和文种名称组成的。

（2）称呼。

开头顶格写被感谢的机关、单位、团体或个人的名称或姓名，并在个人姓名后面附上

"同学"等称呼，然后再加上冒号。

（3）正文。

感谢信的正文从称呼下面一行空两格开始写，要求写上感谢的内容和感谢的心情。应分段写出以下几个方面：

① 感谢的事由：概括叙述感谢的理由，表达谢意。

② 对方的事迹：具体叙述对方的先进事迹，叙述时务必交代清楚人物、事件、时间、地点、原因和结果，尤其重点叙述关键时刻对方给予的关心和支持。

③ 揭示意义：在叙述事实的基础上指出对方的支持和帮助对整个事情成功的重要性以及体现出的可贵精神。同时，表示向对方学习的态度和决心。

（4）结语。

写感谢信结束时，加上表示敬意的话、感谢的话。如"此致敬礼""致以最诚挚的敬礼"等。

（5）落款。

感谢信的落款署上写信的单位名称或个人姓名，并且署上成文日期，前者在上，后者在下。

3. 写作感谢信的注意事项

（1）内容要真实，评誉要恰当。

感谢信的内容必须真实，确有其事，不可夸大溢美。感谢信以感谢为主，兼有表扬，所以表达谢意时要真诚，说到做到。评誉对方时要恰当，不能过于拔高，以免给人一种失真的印象。

（2）用语要适度，叙事要精练。

感谢信的内容以主要事迹为主，详略得当，篇幅不能太长，所谓话不在多，点到为止。感谢信的用语要求是精练、简洁，遣词造句要把握好一个度，不可过分雕饰，否则会给人一种不真实、虚伪的感觉。

【示例】

感 谢 信

4月24日中午，我在××学院接孩子时，不慎将钱包丢失，幸亏贵校信息技术学院（2）班的林源同学捡到了，在此特表示感谢。

她顾不上回家吃饭，拿着钱包又返回学校交给了老师，几经周折后，巡警把钱包送回我家，惊喜之余我深深被林源同学这种拾金不昧、舍己利人的高尚品质打动，在提倡和谐社会的今天，这种行为更是应该大力提倡和鼓励的。

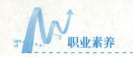

感谢××学院的校领导、老师以及孩子家长的培养,教育出这么优秀的青年,更感谢林源同学并祝她学习进步。

失主:×××
2022 年 4 月 25 日

(十一)道歉信

1. 含义

道歉信是因工作失误,引起对方的不快,以表示赔礼道歉,消除曲解,增进友谊和信赖的信函。

2. 成文格式

(1)称谓。

(2)正文:诚恳说明造成对方不快的原因;表示歉意,请予以理解、见谅。

(3)署名、日期。

【示例】

道 歉 信

一班的全体同学:

　　今天早晨,由于我在升国旗的时候迟到了,致使班级被扣掉了纪律分数,我表示十分愧疚。我在此向大家表达深深的歉意。

　　我深刻地认识到了自己的错误,我很抱歉我没有做好班级的表率,身为纪律委员的我却违反了纪律,我很自责,并且向大家保证,以后绝对不会再犯错误了,请大家给我一个机会,接受我的道歉,谢谢大家。

×××
2023 年×月×日

(十二)慰问信

1. 含义

慰问信是表示向对方(一般是同级或上级对下级单位、个人)关怀、慰问的信函。它是有关机关或者个人,以组织或个人的名义在他人处于特殊的情况下或在节假日,向对方表示问候、关心的应用文。

慰问信包括两种:一种是表示同情安慰;另一种是在节日表示问候。慰问信应写得态度诚恳、真切。

2. 成文格式

慰问信通常由标题、称呼、正文、结尾、落款五部分构成。

（1）标题。

慰问信的标题通常由以下三种方式构成：单独由文种名称组成，如"慰问信"；由慰问对象和文种名共同组成，如"致消防官兵的慰问信"；由慰问双方和文种名共同组成，如"校领导致广大教师的慰问信"。

（2）称呼。

慰问信的开头要顶格写上受文者的名称或姓名称呼。如果是写给个人的，应在姓名之后，加上"同志""先生"等字样，后加冒号。如"郑州市人民政府""鲁迅先生"。在个人姓名前面，往往还要加上"敬爱的""尊敬的""亲爱的"等。

（3）正文。

正文要另起一行，空两格写慰问的内容。慰问的正文一般由发文目的、慰问缘由或慰问事项等几部分构成。

① 发文目的。本部分要写清楚发此信的目的是代表何人向何集体表示慰问。

② 慰问缘由或慰问事项。本部分要概括地叙述对方的先进思想，先进事迹，或战胜困难、舍己为人、不怕牺牲的可贵品德和高尚风格；或者简要叙述对方所遭受的困难和损失，以示发信方对此关切的程度。要表现出发信方的钦佩或同情之意。

（4）结尾。

另起一行，空两格写"祝"或"此致"，下一行顶格写"节日愉快"或"敬礼"等。

（5）落款。

慰问信的落款要署上发文单位或发文个人的称呼，并在署名右下方署上成文日期。

【示例】

节日（春节）慰问信

尊敬的老师们：

在我国传统节日春节即将来临之际，××小学党支部，校委会全体成员向辛勤工作在教育战线的全体教职工表示亲切的慰问并致以崇高的敬意！

过去的一年，我们学校在孙校长的领导下，学校硬件建设逐步完善，软件建设逐步规范，学校管理正在正规化、规范化。师资力量逐步加强，师资水平逐步提高。学校的教育教学质量正逐步稳步上升。这些成绩的取得与你们的支持和付出是分不开的，你们为学校建设与发展做出了积极的贡献。

为此，我们再一次向尊敬的各位老师表示诚挚的感谢。同时，也希望你们继续支持、

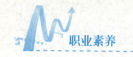

关心我们学校的建设与发展,为国家、为本地的建设与发展培养更多的优秀人才!

最后,祝全体老师身体健康,家庭和睦,春节愉快。

××小学党支部、校委会
××××年×月×日

(十三)颁奖词

1. 含义

颁奖词,是在某一主题的颁奖典礼上,对获奖对象的事迹所作的一种陈述评价性的礼仪文稿。

2. 成文格式

(1)大笔写意,点明人物的事迹。

这是指从大处着眼,抓住人物最主要的令人钦佩的事迹,简要概述,如同画写意画,力求用最简洁的笔墨,勾勒出丰满的笔下之物。因此,颁奖词不要求详尽地交代人物事迹的来龙去脉或是细枝末节。人物事迹点到为止。

(2)纵深开掘,彰显人物的精神。

对人物精神的赞美是颁奖词写作的重点,也是难点。通过人物的事迹,引出对人物精神的评价。因此,在颁奖词中,要体现出人物的闪光心灵、人格魅力,或是坚强的意志、崇高的思想品质等,最好能体现一定的哲理。

(3)综合表达,事、理、情有机融合。

颁奖词在表达方式上,需要将叙述、议论、抒情这三种表达方式综合运用。将人物事迹、精神以及对人物的赞美之情有机融合在一起。

(4)言简意丰,自然流畅。

颁奖词一般很简短。这就要求语言高度浓缩,言简意赅。这样的语言往往字字珠玑、意蕴丰富,具有生动、形象的特点,同时还要自然流畅,音韵铿锵悦耳,富有音乐美。

【示例】

洪战辉颁奖词

当他还是一个孩子的时候,就对另一个更弱小的孩子担起了责任,就要撑起困境中的家庭,就要学会友善、勇敢和坚强,生活让他过早地开始收获,他由此从男孩开始变成了苦难打不倒的男子汉,在贫困中求学,在艰辛中自强,今天他看起来依然文弱,但是在精神上,他从来是强者。

邰丽华颁奖词

从不幸的谷底到艺术的巅峰,也许你的生命本身就是一次绝美的舞蹈,于无声处再现生命的蓬勃,在手臂间勾勒人性的高洁,一个朴素女子为我们呈现华丽的奇迹,心灵的震撼不需要语言,你在我们眼中是最美。

(十四)校园新闻

1. 定义

我们一般指的新闻,可以理解为:新闻是对新近已经发生和正在发生,或者早已发生却是新近发现的有价值的事实的及时报道。新闻是以事实为依据,真实性是新闻的生命,也是第一要素。

2. 新闻的六要素

交代新闻要素,是把事实报道清楚的起码条件。一般来讲,我们常提到的是五要素,即五个W(When、Where、Who、What、Why——何时、何地、何人、何事、何故)。西方新闻学有观点认为除了五个W外,还应增加一个H(How——怎么样,何果),因此也称新闻六要素。

3. 成文格式

(1)标题。

一般短小精悍,一眼能够让人探明主题。比如"××学院召开……""……在……隆重举行";也可以用一些生动鲜明或者排比对称的句子,比如"爱心献社会,温暖入人心""理想成就未来,拓展成就理想""增强先锋意识,践行科学发展"等。

(2)导语。

要包括时间、地点、人物、事件等四要素;重要人物必须写,而且出场顺序和职务名称要排列正确。

(3)主体。

正文要比较重点详细的介绍,我们写的主要是会议、活动、比赛等新闻。关于活动、比赛等可以适当加入描写现场气氛的词语,对活动场面要有一个比较全面的描写。也可以插入直接引语来表现当时活动的盛况。

(4)结尾。

结尾一般要有一个承前启后的作用。一般强调此次活动的意义、作用等。如果是比赛未结束,可以写"比赛在××举行,敬请关注"之类的。

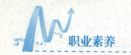

【示例】

我校广播操比赛圆满结束，我班荣获年级第一

4月27日，我校广播操比赛圆满结束。我班荣获年级第一。消息传来，全班同学欢呼雀跃。（交代比赛时间及结果）

在本次比赛中，我班同学服饰整齐，精神饱满，斗志昂扬。自始至终，大家表情严肃，随着音乐节奏认认真真地做着每一个动作，没有任何一个同学跑神溜号。我们整齐的队形、标准的动作赢得了学校领导与老师的一致好评。最终以9.88分的好成绩获年级第一名。（比赛过程，结合队员表现说明取得好成绩的原因）

这次比赛，不仅锻炼了同学们的体质，还增强了我们团结协作的精神，可谓意义非凡。（补充说明比赛的意义）

学习相关应用文的撰写方法

1. 训练内容

根据内容进行相关应用文的撰写。

2. 训练目的

（1）学会请假条的写法。

（2）学习借条的写法。

（3）学习感谢信的写法。

3. 训练要求

（1）小张的哥哥结婚，需请假5天回家帮忙，请为小张写一张请假条。

（2）你向吴斌借了1 000元，答应一个月后还他。请你写张借条。

（3）请以你个人的名义，向给予你帮助的老师或同学写一封感谢信。

（4）以小组为单位评分，计入每个人的成绩。建议教师分数占60%，学生组长打分占40%。

任务二　口语表达，不可或缺的另一种表达能力

任务案例

国家主席习近平 2023 年新年贺词

大家好！2023 年即将到来，我在北京向大家致以美好的新年祝福！

2022 年，我们胜利召开党的二十大，擘画了全面建设社会主义现代化国家、以中国式现代化全面推进中华民族伟大复兴的宏伟蓝图，吹响了奋进新征程的时代号角。

我国继续保持世界第二大经济体的地位，经济稳健发展，全年国内生产总值预计超过 120 万亿元。面对全球粮食危机，我国粮食生产实现"十九连丰"，中国人的饭碗端得更牢了。我们巩固脱贫攻坚成果，全面推进乡村振兴，采取减税降费等系列措施为企业纾难解困，着力解决人民群众急难愁盼问题。

疫情发生以来，我们始终坚持人民至上、生命至上，坚持科学精准防控，因时因势优化调整防控措施，最大限度保护了人民生命安全和身体健康。广大干部群众特别是医务人员、基层工作者不畏艰辛、勇毅坚守。经过艰苦卓绝的努力，我们战胜了前所未有的困难和挑战，每个人都不容易。目前，疫情防控进入新阶段，仍是吃劲的时候，大家都在坚忍不拔努力，曙光就在前头。大家再加把劲，坚持就是胜利，团结就是胜利。

2022 年，江泽民同志离开了我们。我们深切缅怀他的丰功伟绩和崇高风范，珍惜他留下的宝贵精神财富。我们要继承他的遗志，把新时代中国特色社会主义事业不断推向前进。

历史长河波澜壮阔，一代又一代人接续奋斗创造了今天的中国。

今天的中国，是梦想接连实现的中国。北京冬奥会、冬残奥会成功举办，冰雪健儿驰骋赛场，取得了骄人成绩。神舟十三号、十四号、十五号接力腾飞，中国空间站全面建成，我们的"太空之家"遨游苍穹。人民军队迎来 95 岁生日，广大官兵在强军伟业征程上昂扬奋进。第三艘航母"福建号"下水，首架 C919 大飞机正式交付，白鹤滩水电站全面投产……这一切，凝结着无数人的辛勤付出和汗水。点点星火，汇聚成炬，这就是中国力量！

今天的中国，是充满生机活力的中国。各自由贸易试验区、海南自由贸易港蓬勃兴起，沿海地区踊跃创新，中西部地区加快发展，东北振兴蓄势待发，边疆地区兴边富民。中国经济韧性强、潜力大、活力足，长期向好的基本面依然不变。只要笃定信心、稳中求进，

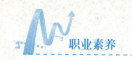

就一定能实现我们的既定目标。今年我去了香港，看到香港将由治及兴十分欣慰。坚定不移落实好"一国两制"，香港、澳门必将长期繁荣稳定。

今天的中国，是赓续民族精神的中国。这一年发生的地震、洪水、干旱、山火等自然灾害和一些安全事故，让人揪心，令人难过，但一幕幕舍生取义、守望相助的场景感人至深，英雄的事迹永远铭记在我们心中。每当辞旧迎新，总会念及中华民族千年传承的浩然之气，倍增前行信心。

今天的中国，是紧密联系世界的中国。这一年，我在北京迎接了不少新老朋友，也走出国门讲述中国主张。百年变局加速演进，世界并不太平。我们始终如一珍视和平和发展，始终如一珍惜朋友和伙伴，坚定站在历史正确的一边、站在人类文明进步的一边，努力为人类和平与发展事业贡献中国智慧、中国方案。

党的二十大后我和同事们一起去了延安，重温党中央在延安时期战胜世所罕见困难的光辉岁月，感悟老一辈共产党人的精神力量。我常说，艰难困苦，玉汝于成。中国共产党百年栉风沐雨、披荆斩棘，历程何其艰辛又何其伟大。我们要一往无前、顽强拼搏，让明天的中国更美好。

明天的中国，奋斗创造奇迹。苏轼有句话："犯其至难而图其至远"，意思是说"向最难之处攻坚，追求最远大的目标"。路虽远，行则将至；事虽难，做则必成。只要有愚公移山的志气、滴水穿石的毅力，脚踏实地，埋头苦干，积跬步以至千里，就一定能够把宏伟目标变为美好现实。

明天的中国，力量源于团结。中国这么大，不同人会有不同诉求，对同一件事也会有不同看法，这很正常，要通过沟通协商凝聚共识。14亿多中国人心往一处想、劲往一处使，同舟共济、众志成城，就没有干不成的事、迈不过的坎。海峡两岸一家亲。衷心希望两岸同胞相向而行、携手并进，共创中华民族绵长福祉。

明天的中国，希望寄予青年。青年兴则国家兴，中国发展要靠广大青年挺膺担当。年轻充满朝气，青春孕育希望。广大青年要厚植家国情怀、涵养进取品格，以奋斗姿态激扬青春，不负时代，不负华年。

此时此刻，许多人还在辛苦忙碌，大家辛苦了！新年的钟声即将敲响，让我们怀着对未来的美好向往，共同迎接2023年的第一缕阳光。

祝愿祖国繁荣昌盛、国泰民安！祝愿世界和平美好、幸福安宁！祝愿大家新年快乐、皆得所愿！

谢谢！

（资料来源：https://baijiahao.baidu.com/s?id=1753855432493893844&wfr=spider&for=pc）

项目三　锻炼表达能力

任务启示

当今时代，经济迅猛发展，竞争日趋激烈，人际交往频繁，信息传播加快。不论是开幕致辞，还是主持会议；不论是商务宴请，还是商务谈判；不论是争取合作，还是接受采访，都需要演讲口才与沟通表达的能力。

任务目标

1. 锻炼口头表达能力。
2. 提高公共场合的演讲水平。

任务学习

演讲是获取信息的好途径，扩大联系的好机会，求知学习的好渠道，锻炼口才的好方法。所有这些都说明，演讲是一种武器，驾驭它可以使自己取得竞争优势；演讲是一条途径，通过它可以培养能力，增强勇气；演讲是一种智慧，应用它可以使自己变得更加机智勇敢，幽默诙谐。人们听了精彩的演讲可以获得理性的启迪，知识的拓展，思想的升华，情感的愉悦。

演讲又称演说，是一门综合性的艺术，是语言的一种高级表现形式。它是通过艺术的手段表达出语言的基本意思，是一种有计划、有目的、有主题、有系统的视听信息的传播。它可以使与你见解一致的听众更坚定其原有的信念，同时，又可以使持有不同见解的听众动摇、放弃、改变其原有的思想观点，心悦诚服地接受你的观点。

本书通过以下几方面来简要介绍一下如何提高自己的演讲水平。

一、演讲前要做好准备，没有准备就是准备失败

所有能够克服紧张心理的方法中，有一种方法特别有效，那就是做充分周全的准备，如果演讲前没有做充分的准备，其紧张情绪自不待言。这种紧张感是下意识的，但是对于胸有成竹的演讲者而言却知道演讲无须紧张。他能领悟到准备工作是演讲成功的根基和纲领。事前做足功夫，演讲即可十拿九稳。准备工作能驱散心头的紧张，将你的演讲稿打磨成一篇精雕细琢的杰作。

演讲前的准备包括两个方面，第一是材料的准备，第二是预讲的准备。

作为演讲前的准备，请大家要牢记十六字原则：深入实际、内容具体、适合听众、有的放矢。

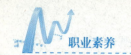

演讲，一定要心中有话、有故事对人们说，而且这些话、这些故事是能打动自己的。演讲，就是要打动人，如果连自己都打动不了，那怎么打动得了别人。一定要找到能打动自己的话和故事对大家讲。

二、努力克服紧张情绪，克服紧张就在一瞬间

每个第一次上台演讲的人都会紧张，但不要以为有经验的人就不会紧张。美国心理学家曾在三千人当中做过一次心理测验：你最担心的是什么？令人吃惊的是：约40%的人认为最令他们担心也是最痛苦的事是在大庭广众前讲话，而死亡则排在第二位。担忧自己在讲台上的表现是大多数人的烦恼。马克·吐温在第一次演讲时口中像塞满了棉花，脉搏快得像争夺田径赛跑奖杯似的；印度前总理英迪拉·甘地初次演讲时"不是在讲话，而是在尖叫"；被誉为"世纪演讲家"的英国前首相温斯顿·丘吉尔初次演讲时心窝里似乎塞着一块冰疙瘩。

演讲时我们之所以会紧张是因为我们太希望成功了，想表现得出色。初次演讲感到紧张是正常的，如果不紧张，可能就是我们无心求胜，这样反而会带给我们更大的风险。

一般来说，在演讲时出现恐惧紧张有七大原因，分别是：自卑、准备得不够充分、完美主义怕出错、"恐高"、太在意听众的看法、对听众不熟悉和听众人数多。而要想克服紧张心理则有三大关键：一是建立自信；二是准备充分；三是适应变化。

究竟该如何克服紧张心理呢？有七个办法可以运用：自信暗示法、提纲记忆法、目光训练法、呼吸调节法、调整动作法、专注所说法、预讲练习法。具体内容可通过网络搜索学习。

三、要使演讲有吸引力，要从头到尾紧紧抓住听众的注意力

要抓住听众的注意力，就要做到"三要"：开场白要有吸引力、内容要丰富饱满、结尾要耐人寻味。

作为演讲者，不管你准备了多少演讲内容，演讲最初的30秒左右的开场白是最重要的。不要小看这短短的开场白，它将决定此后你所说的每一句话的"命运"。听众将根据你给他们留下的第一印象来决定是否耐心听你的演讲。因此，只有独具匠心的开场白，以其新颖、奇趣、敏慧之美，才能给听众留下深刻印象，才能立刻控制场上的气氛，在瞬间吸引听众注意力，从而为接下来顺利演讲搭梯架桥。

开场白，顾名思义，就是一开场所说的话。开场白开得不好就等于白开场，人与人见面第一印象非常重要。俗话说：好的开始是成功的一半。开场白应达到三大目的：一是拉近距离，二是建立信任，三是引起兴趣，为下面的演讲做好准备。开场白的类型主要有：奇论妙语式、自嘲幽默式、即景生题式、故事笑话式、制造悬念式、引经据典式、开门见

山式、巧问问题式。

演讲稿的正文也是整篇演讲的主体。主体必须有重点、有层次、有中心语句。演讲主体的层次安排可按时间或空间顺序排列，也可以平行并列、正反对比、逐层深入。由于演讲材料是通过口头表达的，为了便于听众理解，各段落应上下连贯，段与段之间有适当的过渡和照应。要做到观点鲜明、感情真挚、语言流畅、深刻风趣。在演讲过程中要注意通俗易懂、生动感人、准确朴素、控制篇幅。

结尾是演讲内容的收束。它起着深化主题的作用。人们记忆最深刻的是他们最后听到的内容，但是却很少有演讲者愿意在结尾上花费心思。他们仅仅是轻描淡写地草草收场，结果可想而知：费尽口舌发表的长篇大论很快就被人们遗忘。要想使人记忆深刻，结尾必须像开场一样气势磅礴、掷地有声。演讲的结束语应该简洁有力。有六种主要的结尾方法，每种方法可以单独使用，也可以配合起来使用，他们分别是：总结式、号召式、故事式、幽默式、对联式、诗词式。

四、积极应对演讲中的各种突发事件

在演讲过程中，面对意外和突发事件有四大法则需要同学们记住：可以脸红，但是不能心慌；不要轻易辩解；勇于自我解嘲；随机应变。

五、要让演讲有感染力，让你的有声语言魅力四射

在演讲中最佳的有声语言应该是：准确清晰，即字音准确清楚，语气得当，节奏自然；清亮圆润，即声音洪亮清澈，铿锵有力，悦耳动听；富于变化，即区分轻重缓急，随感情变化而变化；有传达力和震慑力，即声音有一定的力度，使在场听众都能听真切、听明白。

六、对态势语言要有明确的控制

这是指演讲者的姿态、动作、手势、表情等，它是辅助有声语言来表达思想和感情的。运用态势语言要注意三点：第一，演讲中动作、手势，甚至一颦一笑都要和演讲内容紧密配合；第二，要自然、真诚，不要为了做动作而生硬地举手、伸拳；第三，不能不动，也不能多动、乱动。

七、保持良好的立体形象

立体形象即听众能够看到的最直观的演讲者的形象。它包括演讲者的衣冠、发型、举

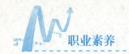

止、神态等，具体如图3-2所示。整个形象的好与差，直接影响着听众的心理及演讲者思想感情的传达。演讲者要想给听众好的印象，应该注意穿着朴素、自然、得体，举止应该大方、优雅。

图3-2　保持良好的形象

演讲的实战技巧

1. 一四二深呼吸法

很多人都知道紧张时可以用深呼吸，但很多人都会说深呼吸没什么用，其实深呼吸是有用的，只不过我们很多人都没有用好深呼吸这个技巧，或者说不知道做深呼吸，结果导致越呼吸越紧张。给大家提供一种简单的深呼吸方法：一四二深呼吸法。

"一四二"指的是时间，吸气用一个单位的时间，屏气用四个单位的时间，吐气再用两个单位的时间，这个深呼吸方式，就叫一四二深呼吸法，一般一个单位时间为一秒钟。用这种方式，一般都能很好地克服紧张。

2. 转移注意力法

进行口腔运动，放松面部肌肉。可以进行搓脸、合口左右撅唇、转唇、双唇打响、弹唇、左右顶腮、转舌、张嘴打嘟、做鬼脸等一系列口腔运动，来转移自己的注意力，从而突破紧张感。

3. 不写发言稿，写提纲

很多人会密密麻麻把完整的一篇演讲稿写下来，然后再去背，要演讲时，就会开始紧张，怕自己会忘稿，越是紧张就越会忘，越是忘记就越紧张。所以不建议大家写完整的发言稿，而是写提纲。把自己要讲的几个要点写在一张小纸条上，然后想想每一点自己大概要讲些什么，就可以了。这样不会忘稿，因为根本就没有发言稿，也不会不知道自己要讲什么。

4. 手捏一个小东西或推墙，释放压力

很多时候紧张无法平静下来，是因为没有地方去释放自己的这种紧张压力，所以如果上台实在紧张，也可以尝试在手中捏一个小物品，当自己很紧张时，就用力捏它，把自己的压力全都释放掉。推墙也是同样的道理，属于一种压力的释放。

5. 练习练习再练习、准备准备再准备

之前有个同学说，老师我真的上台太紧张了，你教教我怎么办。我就问他："每次上台讲话前你有没有准备过呢？"他说："没有，太忙了，根本没有时间准备。"我说："那不紧张才怪了，没有准备就上台，谁都会很紧张，所以你要做的是准备充分后再上台。"

练习得多了，上台自然就不会紧张了。

6. 找支持你的眼光

当我们站在台上发言，总会有一些支持的眼光和不支持的眼光，这时如果我们感觉内心紧张，就去多看看支持我们的眼光，看着他们对自己那种支持的眼光，可想而知自己讲得不错，于是就越讲越有劲，结果真的比预想中要讲得好得多。

7. 适当提高音量

在演讲过程中，适当提高自己说话的音量，也能在一定程度上克服自己的紧张感。

8. 建立自信心锚

在我们生活的周围，有许多东西当我们一看见，便会油然兴起各种不同的心情。像这种能刺激产生特别感觉的东西，不管它是好是坏，我们称之为心锚。

心锚有的深奥，有的浅显，它可能是一句话、几个字、一个动作或一个东西，让我们或看、或听、或想、或嗅、或尝，在一眨眼间改变我们内心的感觉。这也就是为何一看见国旗，我们便迅速感受到强烈的国家民族情感，因为它上面的颜色及图案与这种情感紧密地联系在一起。

我们可以为自己克服紧张建立心锚，想象自己非常的自信，让自己感觉充满了力量，然后默默对自己说"我就是最棒的！"，然后再不断地重复这个过程。以后只要默默对自己说一声"我就是最棒的！"立刻就会充满自信，充满力量。

9. 只要有上台练习的机会，就立刻冲上舞台

在平时学习中，我们可能也会有一些在公众前讲话的机会，有时是可讲可不讲的，要记住：只要有练习的机会，就立刻冲上舞台！这次不是为了讲好，而是为了在关键时刻能够讲得很好！台上一分钟，台下十年功，没有付出过十倍的努力，就不要奢望上台有好的表现。

（资料来源：https://www.jianshu.com/p/830251b13785?utm_campaign=maleskine&utm_content=note&utm_medium=seo_notes&utm_source=recommendation）

努力说好话

1. 训练内容

综合描述。

2. 训练目的

(1) 学会观察细节。

(2) 学习演讲的基本知识。

(3) 提升自信,展现自己。

3. 训练要求

(1) 模拟就业面试现场,完成一次完整的、与众不同的自我介绍,时间不少于两分钟。

(2) 参加国家普通话水平测试,尽量使成绩不低于二级甲等。

(3) 演讲要能激发同学们的兴趣,具有渲染力。

(4) 演讲者要有充足的自信心、举止得体、声音洪亮。

项目四

掌握时间管理

对于大学生而言，可支配的时间是很多的，但是时间的充分利用率却是有限的。时间是最宝贵的财富，没有时间，计划再好，目标再高，能力再强，也是空谈。可以说，时间是大学生最重要的资源之一，因此若要提高学习效率就必须善于利用自己的时间，在有限的大学时光里提升自己的综合能力。时间管理的中心原则是"努力集中必要的批量时间去潜心做最重要的工作"。

任务一　高效学习，告别低效努力

你真的很忙吗？

"你很忙吗？"我问这个问题得到的答案惊人地一致——忙（通常是有气无力的回答）。我们身处一个异常忙碌的社会，不管是管理者，还是知识工作者或专业人士，每个人都非常忙碌。

实际上，这背后有三种忙碌：一种是忙碌，但尚未学会管理自己的时间，这些人常常会感觉被近乎疯狂的时间表逼疯；一种是忙碌，但已经学会应对与取舍；第三种则是假装出来的忙碌，因为我们几乎已经开始把忙与成功、闲和失败联系到一起。

"你很忙吗？"经常被当作寒暄的话，但很少有人意识到需要重视它背后的"时间管理"。很多时候，时间管理不是被视为一种初级技能，就是被归入励志的范畴，认为主要是精神因素在起作用。

现在，我们必须给予时间管理以应有的重视，我们可以说，时间管理的重要性至少等同于战略、创新、领导力这些看似更为炫目的管理议题，甚至更为重要。

给予应有的重要地位，时间管理就已经解决了一半，接下来，我们不是讨论具体工具和细节，而是关注时间管理的一个重要前提与三个关键问题。实际上，由于时间管理是每天都要进行的活动，复杂的工具只会让人们在短暂的使用之后放弃。瓶颈管理的提出者高

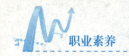

德拉特对所有复杂的解决方案都心存怀疑："复杂的解决方法是行不通的。"只有直达问题核心，也就是聚焦于关键问题，才能进行有效的时间管理。

时间管理的一个重要准备任务是"了解你的时间是怎么花掉的"，为什么要这样做无须解释，但它可能会被认为是一个非常简单的任务，认为简单回想一下就可以了。需要强调它的原因正在于此，对于这个问题，我们的"想象"和"现实"常常有很大的差异，甚至完全不同。

记录你的时间是怎么花掉的，是时间管理的开始，但它绝不是一次性的任务，在整个时间管理过程中，我们可能需要不断地重新记录，以便了解最新的时间使用情况，譬如一个月专门挑一天来记录当天的时间使用情况。按照某些时间管理工具的要求，有的人能够坚持每天以 15 分钟为间隔记录时间使用情况，这有它的益处，但是，这样做或许花了太多时间在"磨刀"上了，记录过于频繁的时间表也会让人感到巨大的压力，带来负面影响。

什么事是必须做的？这是时间管理的第一个关键问题。时间管理的错误做法基本上都可以归结为，把时间花在那些不是必须做的事情之上。对组织来说，最重要的是要让员工知道什么是重要的、必须做的任务，也就是说，什么是用来衡量他们绩效的标准。对个人来说，这个问题可解释为"我能够为组织做出什么贡献？"

找出最重要的一件事，然后去做。有个比较接近的通俗化说法是，"重要的事先做"（First Thing First）。在《哈佛商业评论》上，德鲁克在一篇文章以他的丰富经历非常肯定地说："我还没有碰到过哪位经理人可以同时处理两个以上的任务，并且仍然保持高效。"

如何看待他人？时间管理的第二个关键问题是关于"人"的。许多时间管理方法教管理者学会授权，让别人去分担你的事情。实际上，在时间管理中，许多人倾向于把别人当成自己提高效率多做事的资源，或者障碍、干扰。它带来的问题就是，我们倾向于控制他人，让他们按照我们的要求做事，或者让他们不要妨碍我们做事，可惜，他人是控制不了的，这种方式无法真正起作用。我们应该更关注与别人一起工作带来的其他东西，譬如新知识、人际关系等。在时间管理中，我们必须随时自问，我们是如何看待他人的？

如何统筹规划出大块的时间？对管理者和专业人士来说，他们常常需要整块整块的时间去完成重要的任务，譬如思考重要决策或写一份报告。这些任务通常正是刚才提到的那些"为组织做出的贡献"。在进行这些任务的过程中间不能被打断，因为每次被打断，都需要很长的时间才能重新进入深度思考与完全工作状态。

如何在繁忙的时间表中统筹规划出整块的时间以便完成这些任务是时间管理的第三个关键问题。据说，比尔·盖茨每年会有几周时间处于完全的封闭状态，完全脱离日常事务的烦扰，思考一些对公司、技术非常重要的问题，只要意识到有这个需要，我们一定有办法安排好各种事务，分配出大块的时间以便完成这些最重要的任务。最简单的方法也就是，在某一天把办公室门关上，拔掉电话，把其他事情都推到一边，这可能带来一些小小的麻烦，但与完成任务做出的贡献相比微不足道。

正如我们在每天的工作中所感受到的,有效的时间管理是我们最缺少的东西之一,缺少它的原因不是因为缺乏时间管理工具,而是我们没有真正重视它。我们需要做的是,重视时间管理,记录我们的时间使用情况,然后思考三个关键问题:什么事是必须做的？如何看待他人？如何统筹规划出整块的时间？

以上案例启示我们,缺少时间的原因,可能在于没有有效利用时间。学会时间管理是很必要的。人生最宝贵的两项资产,一项是头脑,一项是时间。无论你做什么事情,即使不用脑子,也要花费时间。因此,管理时间的水平高低,会决定你事业和生活的成败。

1. 养成善于进行时间管理的好习惯。
2. 掌握时间管理的原则。

一、利用时间管理培养良好的执行习惯

(一)大学生时间管理能力的内涵

时间管理是管理学领域经常探讨的问题,对企业管理、领导管理、组织管理具有重要意义和价值,是提升组织效能和领导管理水平的主要途径。时间管理是在时间消耗相等的情况下,为提高时间利用率和有效性而进行的一系列的活动,包括对时间进行有效的计划和分配,以保证重要工作的顺利完成,并在此过程中能处理突发事件或紧急变化。那么对于大学生而言,时间管理是指大学生对个人的大学生活时间(包括学习时间和闲暇时间)主动地进行计划、控制等一系列的管理活动,最终达到最有效地利用时间来发展自我的效果。它以人生观、价值观为宗旨,以个人的自我管理为核心,以具体时间运用上的管理活动为主要内容,既包括运用有效的管理方法来节约时间、提高时间的使用效率,也包括克服和消除浪费时间的内外因素。

(二)时间管理能力是执行力的重要体现

大学生要学会时间管理,不是说要在固定的时间内把所有任务都完成,而要学会如何

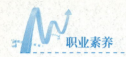

更有效地用时间提升自我效能、降低任务的牵制感。时间不受人类主观意识控制,所以时间管理的对象不是"时间",而是指面对时间而进行的"自我管理"。也就是说,通过时间管理,我们能够主动、有效地控制时间,让时间为自己服务,而不是在时间面前充满被动和困惑。怎么能在单位时间内完成更多的任务,带来更多的效益,才是我们追求的目标。时间管理的本质其实就是自我管理。

(三)运用时间管理让执行力更有效

时间管理的目的就是将时间投入与你的目标相关的工作,达到"双效"(效率、效能),即让自己既能把事情很快地做完(有效率),又能把事情做对做好(有效能)。因此,时间管理不是要把所有的事情做完,而是更有效地运用时间,探索如何减少时间浪费,以便有效地完成既定目标。时间管理的目的除了要决定你该做些什么事情之外,另一个很重要的目的也是决定什么事情不应该做,时间管理不是完全掌控,而是降低变动性,时间管理最重要的功能是通过事先的规划,成为一种提醒与指引。因此,时间管理的最终目标,不仅仅是以效率较高的方式去管理时间,而是谋求人的创造性发展。

二、大学生执行力不足的具体表现

大学生执行力不足的表现重点集中在缺乏时间的自我管理能力方面,时间对于每个人来说都是平等的,过去了便无法追回。那么为什么有些人可以在有限的时间里有所成就,生活得轻松自在、充实快乐;而有些人却整天忙忙碌碌、焦虑紧张、疲惫不堪,致使生活、工作、学习处于一片混乱当中。究其原因,我们会发现在琐碎的日常生活中,在不良习惯的影响下,时间在不经意间被浪费了。大学生时间管理能力缺乏的表现有以下几点:

(1)犹豫不决、患得患失、瞻前顾后、拖拖拉拉,花许多时间去思考以后的事情,矛盾、焦虑、难下决定,找借口推迟行动,同时又会为没有完成任务而后悔。

(2)找东西。由于生活没有规律,东西乱放,浪费大量的时间去找东西。

(3)精力分散,时断时续不能集中精力做一件事。在完成重要的事情时,一旦间断,就要花费时间重新进入状态,因而工作效率低下。

(4)懒惰、逃避。由于自身的惰性而选择逃避去完成事情,躲进幻想世界,无限期拖延。

(5)事无轻重缓急。在众多事情中抓不住重点,不分先后顺序,不懂得统筹安排。

(6)不懂授权。一个人包打天下,事无巨细,样样亲力亲为,不会把适当的事情委托给他人,寻求协助。

(7)盲目行动。在没有预见、把握和详细计划的情况下盲目行动,往往在实施过程中或完成后需要重做。

（8）消极情绪。对所做的事情产生反感、抵触的情绪，不能全身心地投入。

（9）悔恨或空想。对过去的过错或得失感到悔恨，在记忆里浪费精力；或者凭空想象不切实际的未来，却不去行动。

（10）完美主义。过于追求完美，注重没有必要的细节；反复检查已完成的工作，导致耽误之后的进度；对自己求全责备，不懂拒绝。

此外，交友频繁、应酬过多、没有重心、面面俱到等做法也会浪费大量的时间。

三、提高执行效率的时间管理原则

（一）帕累托原则

帕累托原则也称作"二八定律"，是由 19 世纪意大利经济学兼社会学家帕累托提出的。他指出：在一个团队或一群人中，少部分人较大部分人能创造出更多价值，即 80/20 原则，我们常说"一分耕耘一分收获"，但作为时间管理的重要原则，"80/20"时间法则却提供了另一种说法。"80/20"时间法则告诉我们：20%的工作占整个所创造出的工作价值的 80%，集中 80%的精力做好 20%的工作，投入 20%的精力做另外 80%的工作。它强调"一分耕耘多分收获"，只需要抓住重点，便可以获取多数的成果。因此，大学生应该把十分重要的项目挑选出来，专心致志地完成，用你 80%的时间来做 20%最重要的事情，即把时间用在更有意义的事情上。在实践中，我们经常看到 20%的客户带来 80%的销售额，80%的客户带来 20%的销售额。从个人角度看，应该将时间花于重要的少数问题上，让 20%的投入产生 80%的效益。

（二）帕金森原则

1958 年，英国历史学博士诺斯古德·帕金森出版了《帕金森定律》一书。书中提出了著名的帕金森定律："工作会自动地膨胀，占满所有可用的时间。"帕金森时间定律也被称为"爆米花"定律，即很少的米会膨胀成一箩筐。定律表明，如果你给自己安排了充裕的时间从事一项工作，你会放慢你的节奏或是增添其他项目从而用掉这一所有分配的时间。在管理上，主要指工作的杂务会被扩大、膨胀，充斥在人们的工作时间内，使自己迷失方向，陷于杂务琐事之中。因此，帕金森时间原则指出，要给事情，哪怕是小事也要设定完成期限，否则事情就像橡皮筋一样会被拉得很长，没完没了。

（三）注意力原则

在快速变化的知识经济时代，我们的注意力太容易被分散，太多的信息、太多的工作、太多的变化、太多的打扰、太多的会议、太多的拜访，还有来自各种本能的影响，使我们对时间管理的态度及行为在自觉与不自觉中养成了不专注的习惯。为了让自己获得时间支配的主动权，我们需要不断恢复和聚焦注意力，也就是做任何事情都要一口气干到底，中间最好不要去打断。

（四）生物钟原则

人体生命活动内在的节奏就是我们常说的"生物钟"，一般人体生物钟分为昼型、夜型、中间型，大学生要认清自己属于哪种类型，从而利用自己生物钟的最佳时间，以更好地发挥自己的能力。大学生在集体中生活，作息规律需要在按照组织或集体的要求之下才能自我支配，所以要有意识地调整节奏，控制时间，统一行动。

（五）双效原则

每个人的时间都是有限的，所以要做重要的事，从而获得高的效能，即"做正确的事"，如果人们一味把时间和精力进行精确的分配，"正确地做事"，争取最高的效率，反而会因为把时间绷得太紧而产生负面效果。因此，"正确地做事"是以"做正确的事"为前提的，如果没有这样的前提，"正确地做事"实现不了"做正确的事"。

四、提高执行效率的方法与策略

（一）劣后顺序

每个人的时间都是有限的，能花时间真正获得改变的事情也就是优先的，你之所以无法很好地改变，很可能是因为在有限的时间里做了太多本来不必做的事情。劣后顺序，就是说先决定要放弃的事情，是相对于优先顺序而言的。而我们通常习惯按照优先级顺序做事情，就是按待办事情的紧急程度排序，例如，今天列出了任务清单，有 10 项任务，其中有 4 项任务是你认为应该去做的，但你的时间根本不够完成 10 项工作。如果按优先顺序排列，会将这 4 项认为应该去做的任务按紧急程度排序，所以摆在你面前的还是 10 项任务；如果按劣后顺序排列会将这 10 项任务按照能被放弃的程度排序，将那 4 项认为应该去做但不是非做不可的任务给舍弃掉，最后摆在面前的任务变成了 6 项。劣后顺序相对于优先顺序的优势在于，减少因做不完任务带来的精神压力，并能让你将精力和注意力集中在必须完成的重要任务中，从而提高效率。

（二）番茄工作法

1. 什么是番茄工作法

番茄工作法（见图 4-1）的发明者弗朗西斯科·西里洛当年在上大学期间进行期末考试复习的时候，需要在某天下午复习完《社会学》第一章的所有内容。为了提高学习效率，西里洛从厨房找来番茄形状的定时器督促自己集中精力学习。定时器的设置从一开始的 2 分钟，变成后来的 25 分钟。西里洛重获了冷静思考的能力和控制力，他不仅通过了考试，还在未来的工作中取得了颠覆性的成就。因为那个番茄形的计时器，西里洛给这个方法取名为"番茄工作法"。用一句话描述番茄工作法，就是列出每天工作任务，并分解成为一个个 25 分钟的任务，然后逐个执行完成。

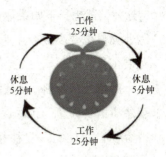

图 4-1 番茄工作法

2. 番茄工作法的应用流程

（1）准备环节。

首先，准备两张纸，第一张纸的内容就是和平时我们罗列任务清单一样，列出一天或者一定时间内所有想要完成的任务，另一张纸是专门写某天一定要完成的任务。例如，某些毕业年级的同学要考专升本或者考研，他会把自己的任务定为考上理想的学校，而番茄工作法要求的清单是具体的某天的某个任务，如今天完成一张真题卷子。

其次，定好时间。往往我们的时间制定得都很宽泛，比如今天读 100 页书，背 100 个单词等，但是番茄工作法的要求是明确多少个番茄钟，也就是需要多少个 25 分钟，为什么要这样制定呢？人们在心理上常常会拖延，面对一个耗时的任务总会想说先缓一缓再做吧，但是当你把任务拆解成几个 25 分钟要完成的事情时，压力就小多了，你就能专注于这 25 分钟时间。

（2）执行环节。

① 专注工作。

专注工作就是要在这 25 分钟内心无旁骛地、专注地工作。把复杂的大任务拆分成以 25 分钟为单位的几个番茄钟，这样每完成一个番茄钟就会给自己一个正面的激励和奖励，从而鼓励自己把重点任务一步一步攻克，在这个过程中其实你也顺便克服了拖延症。它还有一个好处是，当以一个标准的番茄钟计时时，你就能更好地建立完成一个任务所要花费时间的"时间概念"。

专注工作 25 分钟说起来容易做起来难，因为往往会有各种因素打断你的工作。这些打断因素既可能来自内部，也可能来自外部。

所谓内部打断，就是工作因为自己内心产生的一些想法而被打断。比如你在学习的时候突然想起来有个车票要抢购，然后停下来又去手机下单了。为什么经常会有这样的情况发生，因为我们的想法是这样的：突然想起一个事儿，怕忘记它我得赶紧去做，认为等处理完了，回来再接着完成工作不就行了吗？如果 25 分钟的工作时间中间处理其他事情就耽误了 5 分钟，再多工作 5 分钟不就补回来了吗？相信大家都有这样的体验，如果我们的专注力被打断，要花 10~15 分钟的时间才能重新进入专注状态，而不是仅仅被打断的那

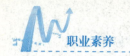

5 分钟。试想一下如果你一天被打断 4 次，等于浪费了 1 小时的时间，这是非常可怕的。因此如果想要高效专注地工作，一定要保证这 25 分钟的时间尽量不被打断，能够集中地开展工作。

所谓外部打断，就是别人给我们安排的事情，比如在专注时间内正好收到父母来电说有急事需要你帮助预约医生，这是无法推辞的，你必须去做。外部的打断不像内部打断很容易自我控制，它往往是自己不能去控制的，所以你只能作废这个番茄钟，去处理外部打断。

② 深度休息。

在应用番茄工作法的时候，可能会更注重对 25 分钟番茄时间的专注，但不在意休息这个环节，往往到了休息的时间还在继续工作。但番茄工作法特别强调休息的重要性，我们常常忙碌一整天，导致到晚上五六点的时候可能大脑都无法运转了，这其实是因为大脑没有得到足够多的休息。而番茄工作法要求我们必须在每一个番茄钟之后进行休息，就是为了能让人们有足够的精力保证后续的番茄钟完成。

深度休息包含两个方面：一是休息的时候尽量不要动用你的脑力思考，你可以去冥想、睡眠，或者起来喝杯咖啡，但是不要做大量消耗脑力的活动；二是尽量让自己的休息形成节奏，也就是 25 分钟的强度，5 分钟的休息。比如你进行了四五个番茄钟以后，可能有一个 20 分钟到半小时长休息的时间。这是要求我们在工作当中要养成高效工作和休息的韵律节奏，从而让大脑建立一种节奏感。

（3）后期回顾。

当我们一天完成了这些工作番茄钟以后，需要跟我们在早晨预估的情况进行一个对比检查，看预估了多少个番茄钟，实际花了多少个番茄钟，为什么会出现这样的状况呢？我们对哪些判断得比较准确，哪些没那么准确？原因是什么呢？进行回顾总结，找出差距原因，然后把分析总结的经验应用到下一次的工作中，从而持续地改善我们的工作方法。在这个阶段你就会发现，一个标准的番茄钟是非常重要的，因为我们在日常工作时，是没有一个精确的时间概念的，我们常常不会思考一个工作到底花了多长时间。而当我们有一个标准的工作番茄钟的时候，我们就可以比较过去完成一个任务花费了几个番茄钟，而现在我们完成一个类似的任务又花费几个番茄钟，我们是进步了还是退步了？原因是什么？从而让我们更好地改进任务。

番茄工作法的设计符合科学规律，比如倒计时调动紧迫感，标准番茄钟建立生物钟，并且，这个方法有助于我们大脑的专注思维和发散思维的交替使用。同时，番茄工作法也有其适用场景，你需要有至少半小时的整块时间，而且提出需要专注思考解决的问题，这样工作或学习效率会更高。

项目四　掌握时间管理

小张的大半天

　　某天早晨，小张在上班途中，信誓旦旦地下定决心一到办公室即着手拟下年度的部门预算。他很准时地于九点整走进办公室，但他并没有立刻从事预算的草拟工作，因为他突然想到不如先将办公桌和办公室整理一下，以使在进行重要工作之前为自己提供一个干净与舒适的环境。他总共花了三十分钟的时间，才使办公环境变得干净整洁。他虽然未能按原定计划于九点钟开始工作，但他丝毫不感到后悔，因为三十分钟的清理工作不但已获得显而易见的效果，而且还有利于工作效率的提高。他面露得意神色随手点了一支香烟，稍作休息。此时，他无意中发现桌上的一份商业报告内容十分吸引人，于是情不自禁地拿起来阅读。等他放下这份报告时，已经十点钟了。这时他略感不自在，因为他已自食诺言。不过，商业报告毕竟是精神食粮，也是沟通媒介，身为企业的部门主管怎能不关心商业信息，即使上午不看，下午或晚上则非补看不可。这样一想，他才稍觉心安。于是他正襟危坐地准备埋头工作。就在这个时候，电话响了，是一位顾客的投诉电话。他连解释带赔罪地花了近四十分钟的时间才说服了对方，平息了顾客的怨气。挂上了电话，他去了洗手间。在回办公室的途中，他闻到咖啡的香味。原来另一部门的同事正在享受"上午茶"，他们邀他加入。他心里想，预算的草拟是一件费心思的工作，若无清醒的头脑难以胜任，于是他毫不犹豫地应邀加入，就在那儿言不及义地聊了一阵。回到办公室后，他果然感到精神奕奕，满以为可以开始致力于工作了。可是，一看表已经十一点二十分了，离十一点半的部门联席会议只剩下十分钟。他想反正这么短的时间内也办不了什么事，不如干脆把草拟预算的工作留待明天算了。

　　你认为小张在时间管理上，存在哪些的问题？你的工作中存在类似的问题吗？请举例说明。

一、番茄工作法训练

　　给自己制定学习活动任务，运用番茄工作法记录下任务完成情况。

　　Step 1：设定1个番茄钟30分钟，其中25分钟工作，5分钟息，连续4个番茄时间后，休息15~30分钟，休息内容和时间自己来定。

　　Step 2：制定"今日待办事务"表，排好优先次序，定时器定好25分钟，开始列表上的第一个任务。

Step 3：第一个 25 分钟结束，在身后第一个方格中画×，尽情休息 5 分钟（不要做任何脑力劳动！倒杯水，溜达溜达都行），再开启下一个番茄时间。如果你在预测的番茄时间内刚好完成任务，就将这项活动划掉。

Step 4：一天结束之际，在最后一个番茄时间里填一个记录表，将今天的工作可视化。

二、小测试

大学生时间管理行为问卷

该问卷包括 34 道题目，其中有 15 道正向题，19 道反向题。采用李克特四点评分方式，"完全不像我""不太像我""有点像我""非常像我"分别记为 1 分、2 分、3 分、4 分，反向题目（标有 R 的题目）记分方式则相反，即分别记为 4 分、3 分、2 分、1 分。

（1）我对自己即将要做的事情总是有明确的目标。

（2）我很容易因为其他事情的干扰使自己在做的事情有始无终。R

（3）我经常在学习的时候想着玩，玩的时候又担心没有完成的学习任务。R

（4）我总是当日事，当日毕。

（5）我把一段时间（一天、一周、一月等）内要做的事情记录下来，做成备忘录。

（6）即使别人的请求会打乱我原来的计划，我也很难说出拒绝的话。R

（7）我总是先做自己喜欢做的事，而把不太愿意做的事情一拖再拖。R

（8）一旦制订了计划，我就能够坚持执行它。

（9）我经常会觉得脑子里有点混乱。R

（10）我通常都是凭着当时的心来决定先做什么，后做什么。R

（11）即使未完成的事情让我产生压力感，我也不想立刻就做。R

（12）每天晚上睡觉前，我总会想一下第二天要做的事。

（13）如果一件事情期限是一个月，我一般不会在第一个星期就开始做。R

（14）我的私人空间（书桌、书架……）大多时候比较凌乱。R

（15）我会专门花时间对将来要做的事情做计划。

（16）只要是现在不紧急的事情，我就习惯于把它先放到一边。R

（17）上大学以来，我无所事事的时间很多。R

（18）如果有几件事要同时做，我经常要衡量它们的重要性来安排时间。

（19）我常会对将要做的事做些必要的记录，而不是主要依靠记忆力。

（20）我对我做的每一件事的目的或可能的结果都有清楚的认识。

（21）我目前的生活状态就像"当一天和尚撞一天钟"。R

（22）我从没想过主动去安排我的生活。R

（23）学习（听课看书、完成作业……）的时候，我总是很容易走神。R

（24）愿望和行动在我身上很难达到一致。

（25）我会花比较多的时间去找出需要用的东西。R

（26）我总是把重要的事情安排到一天中精力最好的时间里去做。

（27）我通常根据学习的重要性来安排学习的先后次序。

（28）学习任务繁多时，我有一种不知从何入手的感觉。R

（29）一般来说，只要我静下心来做事，外界的噪声干扰不了我。

（30）今天的事我不喜欢拖到明天或后天再做。

（31）考上大学之后，我几乎就没有明确的目标了。R

（32）新学期开始之时，我通常要制订本学年的学习计划。

（33）我做事情很容易半途而废。R

（34）我的书籍、资料等总是被我有条理地分类保管。

评分说明：

请统计你的各题分值，并判断你的时间管理能力。

（1）能力较差型（34～51分），对时间管理较为怠慢，长此以往如同自我抛弃。

（2）有待提高型（52～85分），想把时间充分利用，但是执行力和自控力较弱，急需提升时间管理能力。

（3）张弛有度型（86～120分），恭喜同学，这种状态最适宜不过了，既没有过分紧张，也没有过度松弛，要继续保持下去。

（4）压力过度型（121～136分），同学，你的时间观念和时间管理能力非常强，但是长期如此，你有可能产生较大的心理压力，一定要学会放松，劳逸结合。

任务二 走出误区，遵守时间管理原则

华为时间管理培训内容（节选）

1. 时间管理的误区

误区之一：工作缺乏计划

不做或是不重视做计划的原因：

（1）因过分强调"知难行易"而认为没有必要在行动之前多做思考；

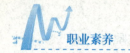

（2）不做计划也能获得实效；

（3）不了解做计划的好处；

（4）计划与事实之间极难趋于一致，故对计划丧失信心；

（5）不知如何做计划。

工作缺乏计划，将导致的恶果：

（1）目标不明确；

（2）没有进行工作归类的习惯；

（3）缺乏做事轻重缓急的顺序；

（4）没有时间分配的原则。

误区之二：组织工作不当

主要表现：

（1）职责权限不清，工作内容重复；

（2）事必躬亲，亲力而为；

（3）沟通不良；

（4）工作时断时续。

改进方式：

（1）学会如何接受请托。"明智地接受请托"的重要性在于：第一："拒绝"是一种"量力"的表现。第二，拒绝是保障自己行事优先次序的最有效手段。

在接受请托之前不妨先问问自己：

这种请托是属于我的职责范围内吗？

对实现我的目标有帮助吗？

如果接受它，将付出什么代价？

如果不接受它，则需承担什么后果？

经过这一番"成本—效益分析"之后，你就可以决定取舍了。

（2）学会利用资源。对于管理者而言，他们经常容易犯下面的错误：

① 担心下属做错事；

② 担心下属表现太好；

③ 担心丧失对下属的控制；

④ 不愿意放弃得心应手的工作；

⑤ 找不到合适的下属授权。

每个人的精力都是有限的，尤其是管理者应当学会授权，将主要的精力和时间放在更重要的事情上。

误区三：时间控制不够

我们通常在时间控制上容易陷入下面的陷阱：

（1）习惯拖延时间，最后一刻来完成；

（2）不擅处理不速之客的打扰；

（3）不擅处理无端电话的打扰；

（4）泛滥的"会议病"困扰；

误区四：整理整顿不足

办公桌的杂乱无章与办公桌的大小无关，因为杂乱是人为的。所以，"杂乱的办公桌显示杂乱的心思"是有一定道理的。

"文件堆积定律"——"文件的堆积将被扩展，以便填满可供堆积的空间。"

误区五：进取意识不强

主要表现：

（1）个人的消极态度；

（2）做事拖拉，找借口不干工作；

（3）唏嘘不已，做白日梦；

（4）工作中闲聊。

要记住：世界上所有的成就都是"现在"所塑造的。因此，我们要记住"过去"，把握"现在"，放眼"未来"。送给大家一句话：昨天是一张已被注销的支票，明天是一张尚未到期的本票，今天则是随时可运用的现金。请善用它！

2. 时间管理的六项基本原则

原则之一：明确目标

目标刺激我们奋勇向上。在人生的旅途上，没有目标就好像走在黑漆漆的路上，不知往何处去。虽说目标能够刺激我们奋勇向上，但是，对许多人来说，拟定目标实在不是一件容易的事，原因是我们每天单是忙于日常工作就已透不过气，还哪里有时间好好想想自己的将来，但这正是问题的症结，就是因为没有目标，每天才弄得没头没脑、蓬头垢面，这就是一个恶性循环。

另外有些人没有目标，则是因为他们不敢接受改变，与其说安于现状，不如坦白一点，那便是没有勇气面对新环境可能带来的挫折与挑战，这些人最终很难有所成就。

事实上，随波逐流，缺乏目标的人，永远没有淋漓尽致发挥自己的潜能。因此，我们一定要做一个目标明确的人，生活才有意义。

原则之二：有计划、有组织地进行工作

所谓有计划、有组织地进行工作，就是把目标正确地分解成工作计划，通过采取适当的步骤和方法，最终达成有效的结果。这通常会体现在以下五个方面：

（1）将有联系的工作进行分类整理。

（2）将整理好的各类事务按流程或轻重缓急加以排列。

（3）按排列顺序进行处理。

（4）为制定上述方案需要安排一个考虑的时间。

（5）由于工作能够有计划地进行，自然也就能够看到这些工作应该按什么次序进行，有哪些是可以同时进行的工作。

原则之三：分清工作的轻重缓急

处理事情优先次序的判断依据是事情的"重要程度"，所谓"重要程度"，即指对实现目标的贡献大小。要注意：虽然有以上的理由，我们也不应全面否定按事情"缓急程度"办事的习惯，只是需要强调的是，在考虑行事的先后顺序时，应先考虑事情的"轻重"，再考虑事情的"缓急"。

原则之四：合理地安排时间

时间管理也遵循 80/20 原理：避免将时间花在琐碎的多数问题上，因为就算你花了 80%的时间，你也只能取得 20%的成效。所以，你应该将时间花于重要的少数问题上，因为掌握了这些重要的少数问题，你只需花 20%的时间，即可取得 80%的成效。

掌握重点可以让你的工作计划不致偏差，一旦一项工作计划成为危机时，犯错的概率就会增加，我们很容易陷在日常琐碎的事情处理中；但是有效进行时间管理的人，总是确保最关键的 20%的活动具有最高的优先级。

原则之五：与别人的时间取得协作

任何组织，不论大小，都有节奏性、周期性，而我们作为社会或是团体组织中的一员，毫无疑问地要与周边部门或人发生必然的联系。在这种情况下，我们需要互相尊重对方的时间安排，也就是说要与别人的时间取得协作。

原则之六：制定规则、遵守纪律

"没有规矩，不成方圆"，因为有纪律，我们才有秩序。在时间管理中，我们同样强调纪律与规则。

很多作家固定在每天某个时段工作，而且在停笔前必须完成一定的字数。这个方法很有效，假如你养成每天写 1 000 字的习惯，连续一个月后，写 1 000 字便易如反掌。

时间对我们如此重要，我们应该如何把握和管理时间呢？如果你不会管理时间，那么在此处节省的时间也会在彼处浪费掉。因此，学会管理时间就显得很有必要了。

项目四　掌握时间管理

学会管理时间的方法和一些常用技巧。

一、管理时间就是管理自己

我们把人生的八个重要领域来重新给予定义,或赋予一种解释,这八个领域包括健康、家庭、工作、人际关系、理财、心智、休闲及心灵。

每个人都希望自己幸福、身体健康、工作满意、人际关系和谐,希望自己生命充满喜悦,但是你应该怎么样来对待它才能达到人生的目标呢?每个人的人生目标都是不同的,如果你浪费时间你可能就得不到健康、好的家庭,在工作上也没有好的发展,甚至在人际关系上也会处于紧张状态。所以你必须来思考,面对家庭、健康、工作,面对人际关系,怎么样才能做得更好,应该如何管理时间(见图4-2)。

图4-2　管理时间

时间对每一个人都是平等的,每个人都拥有相同的时间,但是时间在每个人手中的价值却不同。管理好自己的时间,使自己的时间增值,同时还要让自己更有成就感,这是时间管理追求的目标。大部分人会抱怨自己的时间不够,抱怨自己的事情做不完。而对每一个有成就的人来说,时间管理是他们生活中很重要的一环。每一分钟,每一秒钟过去了,它不可能再回头,问题是如何有效地利用自己每一天的24小时。

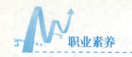

如何掌控一天的24小时？

一个原则：把一天分成春、夏、秋、冬四个阶段来经营。一天当中：3—9点为春天，9—15点为夏天，15—21点为秋天，21—3点为冬天。春生—夏长—秋收—冬藏。春天是万物生长的季节，也是我们播种准备的时期；夏天是生长的季节，也是我们辛勤耕耘、努力工作的时期；秋天是收获的季节，也是我们取得成绩，收获物质财富和精神财富等各种财富的时期；冬天是收藏的季节，也是我们休息的时期。

这一个原则即是告诉我们如何顺应一天的规律去开展我们的工作和生活。你在春天的时候没有做好播种与准备工作，在夏天的时候没有辛勤耕耘，那么你到了秋天的时候怎么会有收获呢？你到了冬天的时候又凭什么来收藏过冬呢？一天的工作和生活之后，你能睡得安稳踏实吗？因此大体上符合这么一个规律将能更好地指导我们的工作和生活。由于我们现代人大多已经习惯了晚起晚睡，要调整到这种状态比较难，那么我们可以把时间往后延两个小时：即一天当中5—11点为春天，11—17点为夏天，17—23点为秋天，23—5点为冬天。按照这样的规律来开展应当可以养成习惯。

做到了一个原则之后，还有四个基本点：

第一个基本点是：你要对你的整个人生负起全部的责任。

对我们个人责任的承担是区分杰出人士与一般人的标准。"对你的生命负起全部责任"，意味着在生活和工作中你再也不能为任何自己感到不愉快的事情找借口或者责备他人。从现在开始，无论发生什么事情，请你对自己说："我负责"。一个能够负起责任的人一定能够谨慎地去经营他的人生和时间。

当你能够负起全部责任时，你会感到自己很有力量！当你能够承担的责任越来越多时，你所拥有的自信心和能量就越多，你就会感到自己的才干和能力越大。这是显而易见的一个现象，在一个家庭、企业乃至国家中，那个负责任最多的人一定是家长、总裁和总统（或主席等）。那么既然总裁和总统都是承担最多责任的人，那么你想掌控你自己一天的24小时，也请你负起你的全部责任来。

第二个基本点是：把你自己当成一家公司来经营，对你每一天运用的时间进行妥善的管理安排。

这一天的24小时就像你这家企业的资产和现金流，你所运用的每一笔资产和现金流都要让它有更好的回报与产出，要有更高的价值回报。企业一定不会做亏本的生意，那么你自己这家企业是在做赢利的生意，还是在做亏本的生意呢？你每天所拥有的这笔资产应如何去运用呢？请从公司经营和财务运营的角度来看待它，我相信你会加倍珍重你的时间！

第三个基本点是：你所聚焦的人事物都会得到相应的增长。

你的注意力转向哪里，你的心就转向哪里。把注意力从较低价值的活动转移到较高价值的活动的这种能力，对你在生活中要实现的所有一切非常重要！

当你做到前面两个基本点之后，这时候你就要聚焦在与你个人具有最高价值的部分，把你大部分的时间花在最有价值回报的事情上，这样才能够为你这一天创造更多的价值回报。如果说你过去一天 8 小时的工作中只有 2 小时的时间花在你高价值高回报的事情上，那么今天你若是能够把另外的 6 小时再拿出 4 个小时，这时候你就有 6 个小时聚焦在你的高价值高回报的事情上，那么你今天的产出将是昨天产出的 3 倍。这个道理其实就是运用了 80/20 法则。

第四个基本点是：你今天所养成的习惯，会决定你未来的命运。

你所做的一切几乎都是由你的习惯决定的，我敢说至少有 80%的活动来源于你的习惯。幸好，所有的习惯都是学来的，并且是可以学会的。如果你愿意花时间进行钻研并且尽足够大的努力，那么你可以学到自己认为值得学习或者需要的任何习惯。

不管这些是好习惯还是坏习惯。当你把这一个原则和四个基本点养成你的习惯之后，你就可以很轻松地去掌控你的工作和生活。

其实如何去掌控你一天的 24 小时，核心之道在于掌控你自己的思维，并且掌握这一个原则和四个基本点。

（资料来源：https://blog.csdn.net/foreveryday007/article/details/4132156）

二、时间管理的策略

（一）制订计划及执行策略

在工作中，没有比制订工作计划更能让你高效利用时间的了。相关学者通过一系列的研究发现：当一个人接手一项任务后，他制订计划所用的时间与完成任务所用的时间成反比。制订计划用的时间越多，工作效率也会越高。因此，不管任务有多艰巨，工作时间多苛刻，你都必须抽出足够的时间思索和制订计划。

制订计划的重要性，就好比教练在足球赛开始前，给球员讲解比赛的战术一样，没有赛前战术，球员们就会像一盘散沙，无法踢出一场好球。当然，随着比赛的进行，教练也会对战术进行一些调整。我们在完成任务时，也应该牢记这一点，按照计划做事，但不拘泥于计划。

在执行时，我们要找出工作中的重要事项和关键环节，按照先后顺序——编号，对一些重要的事项，一般要多花费时间和精力。此外，为了应付突发事件，我们要留出备用时间。

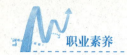

职业素养

（二）限定任务完成时间

作为职场中的一员，无论何时都不要把工作拖到最后才去做。我们都知道，事情很可能不会按照我们的意愿发展，在工作过程中，经常会有突发事件打乱我们的工作计划，导致任务难以按时完成。

英国著名历史学家诺斯古德·帕金森曾说："工作会自动地膨胀，占满所有可用的时间。"人们通常把这句话称为"帕金森定律"。也就是说，如果时间充裕，一个人就会放慢工作节奏或增加其他项目，最后的结果就是能短时间完成的任务却用掉了所有的时间。这样做对时间管理非常不利。

真正出色的员工不但要避免"帕金森定律"，还要时刻牢记工作期限。在老板的心中，最佳的工作完成日期不是今天，而是昨天。高效率的时间管理就要"把工作完成在昨天"。一个总能在"昨天"完成工作的员工，一定会有成功的一天。

（三）一次性地完成一项工作

"过程就是结果"的说法在以结果为导向的时代已经行不通了，没有结果的过程越长，就表明你浪费的时间越多。所以说，一旦开始某项工作，就要全力以赴，一次性把工作做好、做到位，千万不可有始无终。

对于既庞大又复杂的任务，应采取"工作任务细分"的方法，即把庞大的任务分成许多易于立即动手完成的小任务。当你把小任务一一完成后，你就会发现自己完成了整项任务，并且离完成期限还有很长的时间。

（四）要区别对待时间管理的四个象限

时间管理根据紧急和重要的标准分为四个象限：第一象限是重要且紧急的事情，第二象限是重要不紧急的事情，第三象限是不重要但紧急的事情，第四象限是不重要不紧急的事情（见图4-3）。

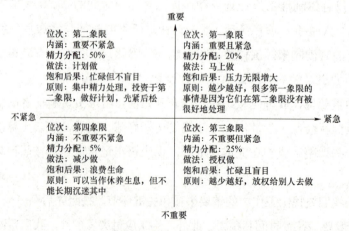

图4-3　时间管理四象限

第一象限和第四象限是相对立的,而且是壁垒分明的,很容易区分。第二象限和第三象限最难以区分,第三象限对人们的欺骗性是最大的,它使人们认为某些事情很重要的假象,耗费了人们大量的时间。因此,我们应该把有限的时间优先投入最具收益的第一象限去。

(五)时间管理的法则

法则和习惯息息相关,时间管理就是要形成良好的习惯。当你有好的习惯,你的时间管理就会越管越好,你的生命就会越来越丰富。时间管理的法则如表4-1所示。

表4-1 时间管理的法则

保持焦点	一次只做一件事情,一个时期只有一个重点。聪明人要学会抓住重点,远离琐碎
80/20原则	应该把精力用在最见成效的地方,所谓"好钢用在刀刃上"
格式化	许多信件和表格都可以借助电脑,提前予以格式化,用时则只需几分钟就可输出
现在就做	许多人习惯于"等候好情绪",即花费很多时间以"进入状态",却不知状态是干出来而非等出来的。请记住,栽一棵树的最好的时间是20年前,第二个最好的时间是现在
不得不走	要学会限制时间,不仅是给自己,也是给别人。不要被无聊的人缠住,也不要在不必要的地方逗留太久。一个人只有学会说"不",他才会得到真正的自由
避开高峰	避免在高峰期乘车、购物、进餐,可以节省许多时间
巧用电话	要尽量通过电话来进行交流、沟通情况、交换信息。打电话前要有所准备,通话时要直奔主题,不要在电话里说无关紧要的废话或传达无关主题的信息与感受
成本观念	在生活中,有许多属于"一分钱智慧几小时愚蠢"的事例,如为省两元钱而排半小时队,为省两毛钱而步行三站地等,都是极不划算的。对待时间,就要像对待经营一样,时刻要有一个"成本"的观念,要算好账
精选朋友	多而无益的朋友是有害的。他们不仅浪费你的时间、精力、金钱,也会浪费你的感情,甚至有的"朋友"还会危及你的事业。要与有时间观念的人和公司往来
避免争论	无谓的争论,不仅影响情绪和人际关系,而且会浪费大量时间,到头来还解决不了什么问题。说得越多,做得越少,聪明人在别人喋喋不休或面红耳赤时常常已走很远的距离
积极休闲	不同的休闲会带来不同的结果。积极的休闲应该有利于身心的放松、精神的陶冶和人际的交流
集腋成裘	生活中有许多零碎的时间很不为人注意,其实这些时间虽短,但可以充分利用起来做一些事情。比如等车的时间可以用来思考下一步的工作,记几个单词
提前休息	在疲劳之前休息片刻,既避免了因过度疲劳导致的超时休息,又可使自己始终保持较好的"竞技状态",从而大大提高工作效率
搁置哲学	不要固执于解决不了的问题,可以把问题记下来,让潜意识和时间去解决它们。这就有点像踢足球,左路打不开,就试试右路,总之,尽量不要"钻牛角尖"

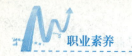

计划未来五天的行程

1. 训练内容

按照重要性、紧急性和任务的性质，对以下事情列出合理的计划，并给出你的理由。假设未来五天，你需要完成以下工作：

（1）你从昨天早晨开始牙疼，想去看医生。

（2）星期六是一个好朋友的生日，你还没有买礼物和生日卡。

（3）你有好几个月没有回家，也没有写信或打电话。

（4）有一份夜间兼职不错，但你必须在星期二或星期三晚上去面试。

（5）明晚8点有个电视节目，与你的工作有密切关系。

（6）明晚有一场演唱会。

（7）你在图书馆借的书明天到期。

（8）外地一个朋友邀请你周末去玩，你需要整理行李。

（9）你要在星期五交计划书之前把它复印一份。

（10）明天下午2点到4点有一个会议。

（11）你欠某人200元，他明天也将参加同一个会议。

（12）你明天早上从9点到11点要听一场讲座。

（13）你的上级留下一张便条，要你尽快与他见面。

（14）你没有干净的内衣，一大堆脏衣服没有洗。

（15）你想好好洗个澡。

（16）你负责的项目小组将在明天下午6点开会，预计1小时。

（17）你需要取一些现金备用。

（18）朋友明天晚上聚餐。

（19）你错过了星期一的例会，要在下星期一之前复印一份会议记录。

（20）这个星期有些材料没有整理完，要在下星期一之前整理好。

（21）你收到一个朋友的信一个月了，没有回信，也没有打电话给他。

（22）星期天早上要准备简报，预计准备简报要花费15个小时，而且只能用空闲时间准备。

（23）你邀请恋人后天晚上来你家共进烛光晚餐，但家里什么吃的也没有。

（24）三个星期后，你要参加一次业务考试。

2. 训练目的

(1) 学会合理地进行时间管理。

(2) 学会应用时间管理四象限。

(3) 逐步养成积极、通盘考虑、按顺序做事、提前准备的习惯。

3. 训练要求

(1) 分项列出每天必须做的事,应该做的事,能够做的事。

(2) 每个小组选出一名代表在全班发言,向大家报告小组计划。

(3) 说明小组计划的合理性及必要性。

(4) 给出这样计划的充分理由。

(5) 教师对每个小组发言人的陈述做点评。

项目五

学会有效沟通

不论你是身在学校，还是进入职场，在社会交往过程中沟通是必不可少的。学习且掌握沟通的基本理论与实践策略，有助于你更好地呈现自我能力与价值，更快地实现奋斗目标。

可以说，沟通作为一种社会交往手段，既是一种基本的管理技能，又是一种为人处世的社交艺术。

任务一　沟通让工作和生活更美好

有效沟通——职场中的润滑剂

研发部梁经理才进公司不到一年，工作表现颇受主管赞赏，不管是专业能力还是管理绩效，都获得大家肯定。在他的缜密规划下，研发部一些延迟已久的项目，都在积极推进当中。

部门主管李副总发现，梁经理到研发部以来，几乎每天加班。他经常第二天来看到梁经理电子邮件的发送时间是前一天晚上10点多，接着甚至又看到当天早上7点多发送的另一封邮件。这个部门下班时总是梁经理最晚离开，上班时第一个到。但是，即使在工作量吃紧的时候，其他同事似乎都准时走，很少跟着他留下来。平常也难得看到梁经理和他的下级或是同级主管进行沟通。

但是，最近大家似乎开始对梁经理的沟通方式反应不佳。李副总发觉，梁经理的下属对部门逐渐没有向心力，除了不配合加班，还只执行交办的工作，不太主动提出企划或问题。而其他同级主管，也不会像梁经理刚到研发部时，主动到他房间聊聊，大家见了面，只是客气地点个头。开会时的讨论，也都是公事公办的居多。这天，李副总刚好经过梁经理房间门口，听到他打电话，讨论内容似乎和陈经理业务范围有关。他到陈经理那里，刚好陈经理也在打电话。李副总听谈话内容,确定是两位经理在谈话。之后,他找到陈经理,问他是怎么一回事。明明两个人的办公室挨着,为什么不直接走过去说说,竟然是用电话谈。陈经理笑答,这个电话是梁经理打来的,梁经理似乎比较喜欢用电话讨论工作,而不是当面沟通。陈经理曾试着要到梁经理办公室谈,梁经理不是用最短的时间结束谈话,就是眼睛一直盯着电脑屏幕,让他不得不赶紧离开。陈经理说,几次以后,他也宁愿用电话的方式沟通,免得让别人觉得自己过于热情。

了解这些情形后,李副总找梁经理聊了聊。梁经理觉得,效率应该是最需要追求的目标。所以他希望用最节省时间的方式,达到工作要求。李副总以过来人的经验告诉梁经理,工作效率重要,但良好的沟通绝对会让工作进行得更顺畅。

任务启示

生活中的每一天我们都会与别人交流。沟通随时随地都伴随着我们,沟通是我们工作、生活的润滑剂。案例中,梁经理不善于与人沟通,很容易导致上下级之间产生隔膜,影响团队的凝聚力,从而降低工作效率和质量。可以说,沟通是消除隔膜、达成共同愿景、朝着共同目标前进的桥梁和纽带。

任务目标

1. 掌握职场沟通原则。
2. 了解职场沟通艺术。

任务学习

职场人士每天至少有 1/3 的时间是在职场中度过的,能否从工作中获得满足与快乐,能否爱岗敬业并最终成就一番事业,领导、同事和下属均发挥着很重要的影响。因此,在职场中,如何与领导、同事及下属进行沟通,是职场人士必须积极面对的一个问题。讲究职场沟通艺术,不仅可以使职场人际关系更加和谐融洽,大大提高工作效率,还可以减少矛盾与冲突,营造健康优良的工作环境。松下幸之助就指出:"企业管理过去是沟通,现在是沟通,未来还是沟通。"

一、初入职场人际沟通原则

人际沟通的关键是要意识到他人的存在,理解他人的感受,既满足自己,又尊重别人。

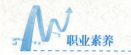

初入职场者在进行人际沟通时要注意遵循以下几个基本原则：

1. 尊重对方

尊重对方是沟通的前提，礼貌是对他人尊重的情感外露，是谈话双方心心相印的导线。

因此，在与人沟通时，首先要尊重对方，其次要多用礼貌语言。

2. 真诚守信

真诚是打开他人心灵的金钥匙，因为真诚的人能使人产生安全感，减少心理防卫。良好的人际关系需要沟通双方暴露一部分自我，把自己真实的想法说出来。答应他人的事一定要尽力完成，因种种原因难以践行承诺的，要及时说明原因。

3. 主动交往

主动与人交往、主动表达善意能够使对方产生受重视的感觉，主动的人往往令人产生好感。要想做好本职工作，不仅要取得上司的信任，还必须与同事保持和谐的关系，只有这样，在工作中才能得到他们的支持与帮助。只要有机会，初入职场者就要主动与同事多交流、多沟通。同事之间难免会出现一些误会和矛盾，很多初入职场的年轻人一遇到这种情况，就会马上质疑对方的人品，甚至上纲上线，以为对方有什么企图，最后决定以牙还牙。

这样，双方的关系很快就会变僵。因此，初入职场，一定要做到宽容、与人为善。与同事出现了误会，首先要从自身反思，然后主动想办法化解和消除。只有这样，人际关系才会更加顺畅。

4. 信息组织

所谓信息组织，就是沟通双方在沟通之前应该尽可能地掌握相关的信息，在向对方传递这些信息时，尽可能地简明、清晰、具体。初入职场的年轻人由于以前没有任何工作经验，在与人沟通时很容易给同事或上级一种"异想天开、脱离实际、年轻气盛"的感觉。降低或消除这种感觉最好的办法就是尽可能做好充分的准备，使自己的建议建立在事实基础之上，而且要具有说服力和可执行性，切不可仅凭借自己的观察和主观判断就提出问题，并且没有针对问题的解决方案。

5. 保持适当距离

在人际交往中，一方面要积极主动地与人交往，扩大交际范围，保持良好的人际关系；另一方面要注意不给人一种拉帮结派的印象，也就是说，既要积极主动与人交往，又要注意保持适当距离。所谓适当距离，就是无论关系多密切、交情多深，双方都有自己的隐私，要在彼此真诚相待的基础上互相尊重，不干扰对方的私生活，在和谐中保持各自的独立。

二、初入职场人际沟通艺术

1. 自信的态度

自信是取得良好沟通效果的前提。在职场沟通过程中，不随波逐流或唯唯诺诺，有自己的想法才能赢得他人的尊重与信赖，才能充分调动交际对象沟通的积极性。

2. 体谅他人的行为

这其中包含"体谅对方"与"表达自我"两方面。所谓"体谅对方"，是指设身处地为别人着想，并且体会对方的感受与需要。在人际交往过程中，要想有效地对他人表示体谅和关心，唯有设身处地地为对方着想。由于我们的了解与尊重，对方也会体谅我们的立场与好意，从而做出积极而合适的回应。

3. 有效地直接告诉对方

一位知名的谈判专家在谈到他成功的谈判经验时说道："我在各个国际商谈场合中，时常会以'我觉得'（说出自己的感受）、'我希望'（说出自己的要求或期望）为开端，结果常会令人极为满意。"其实，这种行为就是直言不讳地告诉对方自己的要求与感受，若能有效地直接告诉对方自己想要表达的思想，会有利于建立良好的人际关系。但是在沟通时，也要善于控制自我表达。有一种说法："强势的建议，是一种攻击。"有时，即使说话的出发点是善良的，但如果讲话的口气太强势，对方听起来，就像是一种攻击一样，很不舒服。因此，在与人沟通时，尽量做到"异中求同，圆融沟通"，有话直说，口气可以委婉，但一定要能很好地传情达意。

4. 善用询问与倾听

询问与倾听是用来控制自己，让自己不要为了维护权利而侵犯他人的行为。尤其是在对方行为退缩、默不作声或欲言又止的时候，可用询问引出对方真正的想法，了解对方的立场、需求、愿望、意见与感受，并且运用积极倾听的方式来诱导对方发表意见，进而对自己产生好感。一位善于沟通的人绝对善于询问及倾听他人的意见与感受。

三、面对不同沟通对象的沟通技巧

（一）与上级的沟通

职场沟通的对象包括领导、同事等。对象不同，沟通的技巧也有所不同。

上下级之间的良好沟通，无论对个人还是对组织，都具有非常重要的意义。对于下级来说，通过与上级的良好沟通，既能全面、准确地了解相关信息，进而提高工作效能，又可以向上级及时表达自己的思想、观念，有利于自己在职场上快速发展。另外，在与上级

沟通时，一定要注意选择合适的沟通渠道，确保沟通的质量。

1. 与上级沟通的原则

与职场上其他交际对象相比，"上级领导"这个群体具有特殊性。从在组织机构中的作用方面来看，他们位高权重、影响范围广；从个性特征来看，他们稳重老练、能力过人而又多少有点自尊自恋、好为人师。因此，在与上级沟通的过程中，除遵循一般的人际沟通原则以外，还有一些特殊的原则。

（1）服从至上。上级在组织机构中处于高层，对于自己领导的组织，他们一般都能够掌握全局情况，对问题的分析、处理比较周全，能够从大局出发。在与上级沟通时，坚持服从原则，是现代管理的基本特征，是一切组织通行的原则，也是组织得以生存和不断发展的基本条件。如果下级与上级沟通时持对抗态度、拒不服从，这样的组织是无法形成统一的意志的，组织就会如同一盘散沙，不可能有大的发展。当然，服从不是盲从，下级一旦发现上级有明显失误，就要敢于谏言，及时向上级反映。

（2）不卑不亢。与上级沟通，既不能唯唯诺诺、一味附和，也不要恃才傲物、目中无人。作为下级，一定要尊重上级的意见，维护上级的威信，理解上级的难处与苦衷，提出不同的意见或建议时，要选择适当的时机，用上级易于接受的方式。这样，无论是对工作，还是对沟通双方的感情、建立融洽的人际关系，都是很有益处的。

（3）充分准备，工作为重。上下级之间的关系主要是工作关系，因此，下级在与上级沟通时，应从工作出发，以工作的开展作为沟通的主要内容。切不可在上级面前搬弄是非或一味地对上级讨好谄媚、阿谀奉承，丧失理性和原则。在与上级沟通之前，一定要广泛收集相关信息，做好信息的分析与整理，尽量形成非常明确的结论。

（4）掌握有效的沟通技巧。同普通人一样，上级领导的性格特征也千差万别、各种各样，作为下级，一定要在对上级充分了解的基础上，寻找沟通的最佳方式和技巧。

2. 与上级沟通的艺术

（1）坦诚相待，主动沟通。

初入职场，最为重要的就是要与人坦诚相待，给人留下坦诚的印象。在与上级沟通时，对工作中的事情不要力图保密和隐瞒，要以开放而坦率的态度与之交流，这样才能赢得上级的信赖。在实际工作中，任何人都难免犯错误，犯错误不要紧，重要的是要尽早与上级沟通，得到他们的批评、指正和帮助，同时取得谅解。消极沟通，不仅不能取得上级的谅解，反而有可能让他们产生误解。

（2）心怀仰慕，把握尺度。

只有对上级怀有仰慕的心情，才能实现有效沟通。与上级交谈时，要有一个积极的心态，还要把握好尺度。对上级交办的事情要慎重，看问题要有自己的立场和观点，不能一味附和，对上级个人的事情，作为下级，不要妄加评论。对上级提出的问题发表评论时，应当很好地掌握分寸。

（3）注意场合，选择时机。

上级的心情如何，在很大程度上影响到与之沟通的效果。当上级的工作比较顺利、心情比较轻松的时候，进行沟通效果会好一些。当上级心情不好时，最好不要与之沟通。

（4）尊重权威，委婉交谈。

不论上级是否值得敬佩，下级都必须尊重他。与上级沟通时要采取委婉的语气，切不可意气用事，更不能放任自己的情绪。总之，下级与上级沟通要讲究方法、运用技巧。

3. 与各种性格的上级打交道的艺术

由于个人的素质和经历不同，上级会有不同的风格。仔细揣摩每一位上级的不同性格，在与他们交往的过程中区别对待，运用不同的沟通技巧，会获得更好的沟通效果。

（1）与控制型的上级进行沟通。

① 控制型上级的性格特征是：强硬的态度；充满竞争的心态；要求下级立即服从；讲实际、果决，旨在求胜，对琐事不感兴趣。

② 沟通技巧：与控制型上级沟通，重在简明扼要，干脆利索，不拖泥带水，不拐弯抹角。面对这一类上级，无关紧要的话少说，直截了当、开门见山地谈即可。

此外，他们很重视自己的权威性，不喜欢下级违抗自己的命令，所以应该更加尊重他们的权威，认真对待他们的命令，在称赞他们时也应该称赞他们的成就，而不是他们的个性和人品。

（2）与互动型的上级进行沟通。

① 互动型上级的性格特征是：善于交际，喜欢与他人互动交流；喜欢享受他人对他们的赞美，凡事喜欢参与。

② 沟通技巧：面对互动型上级，赞美的话语一定要出自真心诚意、言之有物，虚情假意的赞美会被他们认为是阿谀奉承，从而影响他们对你的整体看法。他们还喜欢与下级当面沟通，喜欢下级能与自己开诚布公地谈问题，即使对他有意见，也希望能够摆在桌面上交谈，不喜欢在私下里发泄不满情绪的下级。

（3）与实事求是型的上级进行沟通。

① 实事求是型上级的性格特征：讲究逻辑性，不喜欢感情用事；为人处世自有一套标准；喜欢弄清楚事情的来龙去脉；理性思考而缺乏想象力；是方法论的最佳实践者。

② 沟通技巧：与实事求是型上级沟通时，可以省掉话家常的时间，直接谈他们感兴趣而且实质性的内容。他们同样喜欢直截了当的方式，对他们提出的问题最好直接作答。同时在进行工作汇报时，多就一些关键性的细节加以说明。

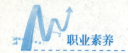

（二）与同事的沟通

对职场人士来说，处理好同事关系至关重要。所谓同事关系，是指同一组织内部处于同一层次的员工之间的横向人际关系。同事之间最容易形成利益关系，如果不能及时、有效地沟通，就容易形成隔阂。因此，适时地与同事进行沟通，既有利于营造和谐的工作环境，也有利于各项工作的顺利开展。

1. 与同事沟通的艺术

同事之间既是合作者又是潜在的竞争者，这是一种非常微妙的人际关系，因此，职场人士在与同事相处时一定要特别注意沟通艺术。

在与同事沟通时，通常要注意以下几个方面：

（1）主动交流沟通。

人际关系要顺畅，彼此的交流是前提。因此，在紧张的工作之余主动找同事谈谈心、聊聊天和请教一些问题是非常必要的。在主动沟通中应注意把握以下几点：一是要选择合适的时间、地点、场合，选择易引起对方兴趣的话题；二是要保持诚恳、谦虚的态度；三是要随时观察对方的心理变化，因势利导，随机应变；四是要注意语言艺术。

（2）懂得相互欣赏。

职场人士都有得到赞许的欲望，都希望自己的职业和工作受到他人的重视，得到他人较高的评价。因此，在职场人际交往过程中，要善于发现同事的优点、长处及其工作中取得的成绩和进步，并加以及时地肯定和赞美。一句由衷的赞美，既可以表达对同事的尊重，又会赢得对方的好感，进而使彼此之间的关系更融洽。

（3）保持适当距离。

同事之间保持适当距离，对人、处事才可能客观公正。"过密则狎，过疏则间。"每个人都有自己的私人空间，搞好职场人际关系并不等于无话不谈、亲密无私。所以，当自己的个人生活出现危机时，不要在办公室随意倾诉；同时，要尊重同事的权利和隐私，不打探同事的秘密，不私自翻阅同事的文件、信件，不查看对方的电脑；对同事不品头论足。

（4）重视团队合作。

随着社会分工越来越细，现代企业越来越强调员工之间的沟通协调。作为团队中的一员，无论自己处于什么职位，在保持自己个性特点的同时，一定要很好地融入集体。在工作中，同事之间要同心协力、相互支持；需要大家协同完成的，要事先进行充分沟通，配合中要守时、守信、守约；自己分内的事认真完成，出现问题或差错要主动承担责任，不拖延，不推诿；确需他人协助完成的，要用请求的态度和商量的语气，不能颐指气使、居高临下。

(5) 善于处理分歧和矛盾。

同事之间难免会出现分歧和矛盾,在发生分歧和矛盾时,一定要学会用适当的交流方式去化解。通常的做法是:第一,不要激化矛盾。对于那些原则性并不是很强的问题,不必非要和同事分个胜负。第二,学会换位思考。与同事发生矛盾时,要学会站在他人的角度想问题,同时,多从自身找原因,主动忍让。第三,主动打破僵局。如果与同事之间已经产生矛盾,自己又确实不对,这时就要放下面子,向对方道歉,以诚待人,以诚感人。

2. 与同事沟通的基本要求

(1) 确立一种观念:和为贵。

折中的处世哲学中,中庸之道被奉为经典,中庸之道的精华就是以和为贵。与同事相处,难免会有利益上的或其他方面的冲突,处理这些矛盾的时候,首先想到的解决办法应该是和解。能始终与同事和睦相处,往往也极易赢得上级的信赖,因为人际关系的和谐处理不仅仅是一种生存的需要,更是工作上的需要。

(2) 明确一种态度:尊重同事。

在人际交往中,自己待人的态度往往决定了别人对自己的态度,因此,若想获取他人的好感与尊重,必须首先尊重他人。每个人都有强烈的友爱和受尊重的欲望。在某方面不如你的人,很可能因为自卑而表现出强烈的自尊,如果你能以平等的姿态与其沟通,对方会觉得受到极大的尊重,从而对你产生好感。因此可以说,没有尊重就没有友谊。

(3) 坚持一个原则:避免与同事产生矛盾。

同事与你在一个单位工作,几乎天天见面,彼此之间免不了会有各种各样鸡毛蒜皮的事情发生,个人的性格、脾气秉性、优点和缺点也暴露得比较明显,尤其每个人的行为上的缺点和性格上的弱点暴露得多了,会引出各种各样的瓜葛、冲突。这种瓜葛和冲突有些是表面的,有些是背后的,有些是公开的,有些是隐蔽的,种种不愉快交织在一起,很容易引发各种矛盾。为此,要非常理性地对待他人的缺点、弱点,多一点宽容、多一份担当。

(4) 学会一种能力:与各种类型的同事打交道。

每一个人都有自己独特的生活方式与性格。在任何一个组织中,总有些人是不易打交道的。职场人士必须要学会因人而异,采取不同的交往策略。下面简要列举一些日常工作中可能遇到的几类同事及与其交往的策略:

① 傲慢的同事:往往性格高傲、举止无礼、出言不逊。与其交往不妨这样:其一,尽量减少与他相处的时间,在和他相处的有限时间里,尽量充分表达自己的意见,不给他表现傲慢的机会;其二,交谈言简意赅,尽量用短句子来清楚说明你的来意和要求,给对方一个干脆利落的印象,也使他难以施展,即使想摆架子也摆不了。

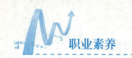

② 过于死板的同事：与这一类人打交道，不必在意他的冷面孔，相反，应该热情洋溢，以热情来化解他的冷漠，并仔细观察他的言谈举止，寻求他感兴趣的问题和比较关心的事进行交流。同时，与这种人打交道一定要有耐心，不要急于求成，只要能找出共同的话题，他的那种死板会荡然无存，而且会表现出少有的热情。

③ 好胜的同事：这类同事狂妄自大，喜欢炫耀，总是不失时机地自我表现，力求显示出高人一等的样子，在各个方面都好占上风。交往时，可在适当时机挫其锐气，使他知道，山外有山，人外有人。

④ 城府较深的同事：这种人对事物不缺乏见解，但是不到万不得已或者水到渠成的时候，他绝不轻易表达自己的意见。他们一般工于心计，总是把真面目隐藏起来，希望更多地了解对方，从而能在交往中处于主动地位，周旋在各种矛盾中立于不败之地。和这种人交往，首先要有所防范，不要让他完全掌握你的全部秘密，更不要被他所利用，以致陷入他的圈套之中而不能自拔。

⑤ 急性子的同事：遇上性情急躁的同事，头脑一定要保持冷静，对他的莽撞完全可以采取宽容的态度，一笑置之，尽量避免争吵。

职场沟通艺术

职场中最基本的生存法则：学会与人沟通。说话是一门艺术，也是一种技术，看似简单，运用自如却不容易。学会沟通可以让自己的职场之路更顺畅。

1. 不要说"但是"，学会"而且"的表达

"但是"在语言沟通上造成的语境是转折，明明是一件好事，一个但是便会很快否定前面的表达内容。如果你在听取一位同事的项目计划，为了表达赞同，你也许会说"这个计划非常好，思路清晰、目标明确，但是你应该……"一个转折将原本的认可大打折扣。如果变成："这个计划非常好！而且，如果在时间节点上给予更多的关注，会更好！""而且"是意思递进的表达方式，强调明确。

2. 不要说"仅仅"

当团队在讨论项目策略的时候，不要说："这仅仅是我的建议！""仅仅"代表数量少，且设定了范围，这样的表达会让你的想法对项目的价值贡献大打折扣。当提供某种建议、策略的时候，应明确自己的想法："这是我的建议！"

3. 不要说"务必"，而要说"请您"

职场中一定会遇上需要其他人协助的时候，当你遇到比较紧急的问题在与人沟通时，

不要说"请务必在上午 10 点前给我回复！"而要用更婉转的方式，例如，"项目十分紧急，请您协助回复"。务必是命令式口吻，会给人造成极大压力而形成逆反心理。谁不愿意协助更礼貌的人呢？

4. 不要说"本来"

如果你其他同事意见不统一的时候，或许你会说：我本来是不同意这个方式的。这会让人觉得对于其他的建议你可以接受，但立场表明不够明确，"本来"看似是不重要的用词，使用中却在语义上有了不同的表达意思，需要明确表达的时候可以直接将本意说清楚，例如，"对此我有不同想法"。

5. 不要说"不清楚"

职场中最忌说"不清楚，这事跟我没关系"这样推卸责任的话，遇到不知道的事情非常正常，但是要巧妙地表达，"我去了解一下，稍后给您回复"。巧妙的回答既可以掩饰你不知道的尴尬，也为自己争取了解的时间，从而做出足够的准备再进行准确回复。

我说你画——人际沟通心理游戏

1. 训练内容

听口令分两个阶段画图，对画图结果分别进行讨论，进而阐述沟通的重要性。

2. 训练目的

（1）培养沟通意识。

（2）认识到表达能力与倾听能力的重要性。

3. 训练要求

（1）准备两张图形略有区别的样图（见图 5-1、图 5-2），每人一张 A4 白纸、一支笔。

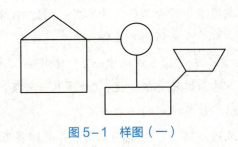

图 5-1　样图（一）

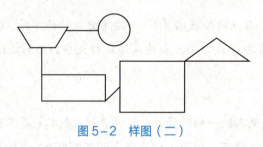

图 5-2 样图（二）

（2）请一名同学上台担任信息发送者，其余同学都作为信息接收者。信息发送者描述第一张样图并下达画图指令。

（3）信息接收者根据信息发送者的描述画出图形，其间不许交流提问。

（4）信息接收者展示自己所画的图，讨论为什么会有这么多不同的结果。

（5）再请一位同学上台担任信息发送者，描述第二张样图并下达画图指令。不同的是这次信息接收者可以提问。

（6）比较两轮过程与结果的差异，教师进行总结评述。

任务二　有效沟通是一种能力

工作的过程就是沟通的过程

凯茜·布福德是一个项目团队的设计主管，该团队要为一个有迫切需求的客户设计一项庞大而技术复杂的项目。乔·杰克逊是一个分派到她的设计团队里的工程师。

一天，乔走进凯茜的办公室，大约是上午9点30分，她正埋头工作。"嗨，凯茜，"乔说，"今晚去观看联赛比赛吗？你知道，我今年非常想参加。""噢，乔，我实在太忙了。"接着，乔就在凯茜的办公室里坐下来，说道："我听说你儿子是个非常出色的球员。"凯茜将一些文件移动了一下，试图集中精力工作。她答道："啊？我猜是这样的。我工作太忙了。"乔说："是的，我也一样。我必须抛开工作，休息一会儿。"

凯茜说："既然你在这儿，我想你可以比较一下，数据输入是用条形码呢，还是用可视识别技术？可能是……"乔打断她的话，说："外边乌云密集，我希望今晚的比赛不会被雨浇散了。"凯茜接着说："这些技术的一些好处是……"

她接着说了几分钟。又问："那么，你怎样认为？"乔回答道："不，它们不适用。相信我。除了客户是一个水平较低的家伙外，这还将增加项目的成本。"凯茜坚持道："但是，如果我们能向客户展示它，同时告诉他这个能使他省钱并能减少输入错误，他可能会支付实施这些技术所需的额外成本。顺便说一下，我仍需要你对进展情况进行报告，"凯茜提醒他，"明天我要把它寄给客户。你知道，我需要8~10页。我们需要一份很厚的报告向客户说明我们有多忙。""什么？没人告诉我。"乔说。

"几个星期以前，我给项目团队发了一份电子邮件，告诉大家在下个星期五以前我需要每个人的数据资料。而且，你可能要用这些为明天下午的项目情况评审会议做准备。"凯茜说。"我明天必须讲演吗？这对我来说还是个新闻。"乔告诉她。"这在上周分发的日程表上有。"凯茜说。

"我没有时间与篮球队的所有成员保持联系，"乔自言自语道，"好吧，我不得不看一眼这些东西了。我用我6个月以前用过的幻灯片，没有人知道它们的区别。那些会议只是一种浪费时间的方式，没有人关心它们，人人都认为这只不过是每周浪费两个小时。""不管怎样，你能把你的报告在今天下班以前以电子邮件的方式发给我吗？"凯茜问。

"为了这场比赛，我不得不早一点离开。""什么比赛？""难道你没有听到我说的话吗？联赛。""或许你现在该开始做这件事情了。"凯茜建议道。"我必须先去告诉吉姆有关今晚这场比赛的事情，"乔说，"然后我再详细写几段。难道你不能在明天我讲述时做记录吗？那将给你提供你做报告所需的一切。"

"不能等到那时，报告必须明天发出，我今晚还要很晚才能把它搞出来。""那么，你不去观看这项比赛了？""一定把你的输入数据通过电子邮件发给我。""我不是被雇来当打字员的。"乔声明道。"我手写更快一些，你可以让别人打印。而且你可能想对它进行编辑，上次给客户的报告好像与我提供的资料数据完全不同。看起来是你又重写了一遍。"凯茜重新回到办公桌并打算继续工作。

（资料来源：http://www.xibuzk.org/about-cont.aspx?mid=81&id=40）

任务启示

看完这则案例，我们最先想起了一句俗语，"牛头不对马嘴"。这样的沟通没有任何意义，反而会带来更多的潜在后患。凯茜作为一个项目经理，可以看得出，她没有制订一个详细的沟通计划，另外，在沟通方面缺乏技巧，在项目组成员有主动沟通欲望时，即使不是工作上的交流，也应该及时给予回应，谈论一下球赛，听一下对方的全部信息，不要轻易打断他，然后再通过一定的技巧，交流实际工作；乔在工作时间谈论工作之外的事情，尽管凯茜和他谈论工作，他也无心应对，表明他根本没有进入工作状态，这更是对辛劳工作的人的一种不尊重。所以，当沟通成为一种自言自语时，沟通已变味。

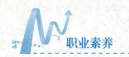

职业素养

掌握有效沟通的技巧。

一、沟通第一大技巧：同理心

沟通的首要技巧在于是否拥有同理心，即学会从对方的角度考虑问题，这不仅包括理解对方处境、思维水平、知识素养，同时包括维护对方的自尊，加强对方的自信，请对方说出自己的真实感受。

在沟通中，同理心尤其重要。有个英国谚语说："要想知道别人的鞋子合不合脚，穿上别人的鞋子走一英里[①]。"工作中出现沟通不畅多半是因为所处的立场、环境不同。如果能用同理心换位思考，事情很快就能解决。同理心是人际交往的基础，也是进行有效沟通的基石。一旦具备同理心就更容易获得他人的信任，这种信任并不是对个人能力、专业技能的信任，而是对人格、价值观、态度的信任。有了这些做基础，人们才可以真心交流，顺畅沟通，从而，合作顺利，取得成功。

有一则小故事：一只小猪、一只绵羊和一头母牛，被关在同一个畜栏里。一天夜里，小猪被人捉住，它大声嚎叫，拼命抵抗。叫声很快惊醒了旁边熟睡的绵羊和母牛，他们非常讨厌小猪的嚎叫，便大声斥责道："烦死了，有什么嚎叫的！我们也常常被捉住，可从未像你这样大呼小叫。"

小猪听了十分委屈地回答道："捉你们和捉我完全是两回事。捉你们，只是要你们身上的羊毛和牛奶，但是捉住我，那可是杀我的头，吃我的肉啊！"绵羊和母牛默不作声。绵羊和母牛无法理解和忍受小猪的嚎叫，是因为他们没有同理心，没有站在小猪的角度考虑问题，没有意识到小猪一旦被捉就要丢掉性命。所以，在做任何事情之前我们都要仔细考虑，试着先将自己的想法放下来，真正设身处地站到对方的立场，仔细地为别人想一想。你将会发现，许多事情的沟通，竟会变得出乎意料的容易。

当然，还要特别克服彼此间的不协调，因为人是有差异的，这些差异在交流中会形成障碍。认识障碍会帮助我们克服它。我们也可以通过询问、变化信息，调整我们的语速和音量来获得理解。很多时候都要站在对方的角度上来考虑问题，而不仅仅是从自己的角度出发。因为沟通是两个人的事情，这就要求你要照顾到对方的情况。同样，在布置任务、汇报工作时更应该考虑接收方的情况，多站在对方的角度考虑问题。

二、沟通第二大技巧：善于倾听

沟通的第二大技巧是善于倾听。真正的沟通高手首先是一个热衷于倾听的人。

---

① 1英里=1.609 344千米。

（一）你是一个善于倾听的人吗？

善于倾听，才是成熟的人最基本的素质。如果你在听别人说话时，可以听懂对方话的意思，并且能够心领神会，同时可以感受到对方的心思而予以回应，表示你掌握了倾听的要领。

需反省的沟通行为

在这里，我们反省一下自己是否做过这样的事：

（1）在别人讲话时走神或当别人讲话时，急于表述自己的意见；

（2）听别人讲话，不断比较与自己想法的不同点；

（3）打断别人的讲话；

（4）当人讲话时，谈论其他事；

（5）忽略过程只要结论，仅仅听那些自己想听的内容；

（6）在头脑中预先完成讲话人的语句，急于下结论；

（7）不要求对方阐明不明确之处；

（8）思想开小差，注意力分散；

（9）假装注意力很集中，回避眼神交流；

（10）显得不耐心，不停地抬腕看表。

想一想：在与人沟通的过程中，这些行为会带来什么样的后果？

（二）倾听的注意事项

在倾听的过程中，我们还应该注意以下事项：

（1）和说话者的眼神保持接触；

（2）不可凭自己的喜好选择收听，必须接收全部信息；

（3）提醒自己不可分心，必须专心一致；

（4）点头、微笑、身体前倾、记笔记；

（5）回答或开口说话时，先停顿一下；

（6）以谦虚、宽容、好奇的心胸来倾听；

（7）在心里描绘出对方正在说的内容；

（8）多问问题，以澄清疑问；

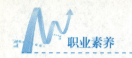

（9）抓住对方的主要观点是如何论证的；

（10）等你完全了解对方的重点后，再进行反驳；

（11）把对方的意思归纳总结起来，让对方检测正确与否；

（12）要注意"时机是否合适，场所是否合适，气氛是否合适"，要注意在不同的环境类型产生的倾听障碍。

（三）克服倾听障碍

如何克服倾听者的障碍呢？我们应该注意以下几点：

（1）我们要尽早列出要解决的问题，避免粗心大意导致沟通失误；

（2）在沟通接近尾声时，与对方核实一下你的理解是否正确，尤其是关于下一步该怎么做的安排；

（3）对话结束后，记下关键要点，尤其是与最后期限或工作评价有关的内容；

（4）不要自作主张地将认为不重要的信息忽略，最好与信息发出者核对一下，看看指令有无道理；

（5）消除成见，克服思维定式的影响，客观地理解信息；

（6）考虑对方的背景和经历；

（7）简要复述一下对方的内容，让对方有机会更正你理解的错误之处。

三、沟通第三大技巧：控制情绪

情绪对沟通的影响至关重要，人的情绪状态会影响接收和传送信息的方式，还会直接影响信息接收和理解的方式。例如，如果你觉得情绪激动紧张，沟通就有可能受阻，因为本应理智的思想可能被这些情绪所蒙蔽，可能以一种比预期更加肯定或否定的态度接收信息。

如果对与你进行沟通的人抱有强烈的反感，你对信息的解释很有可能受你看法的影响。同样，你所沟通的任何内容也有可能受别人对待你的态度的影响。

如果对某事特别感兴趣，更有可能选取与自己心仪的事物有直接关系的信息，而且会忽视或根本不去注意其他事情。

因此，沟通前要调整好自己的情绪，不要让个人的喜怒哀乐影响沟通的过程，避免受到"冲动的惩罚"。

（一）辨别自己和他人的情绪

沟通中的情绪管理可以分成两方面：一方面是如何来处理别人对自己的情绪；另一方面是如何来管理自己的情绪，应该怎样跟自己相处。

管理情绪要先学会辨别自己和他人的各种情绪，对情绪丰富的人而言，除了六种基本的情绪（开心、伤心、恐怖、愤怒、惊奇、厌恶），他们还能够表现出多种复杂的情绪。如果你无法认识或体会到某些情绪，就无法获得有关导致这些情绪的特定事件、情形或人的重要信息。此外，你会不认同或刻意回避那些会引起你内心不适的他人的情绪。

自我情绪认知测试

（1）我最容易接受自己和他人的哪种情绪？

（2）我何时有过有关自己移情或缺少移情的反馈？

（3）我的何种需求正在得到满足或遭受挫折？这些需求与我的情绪变化有何种关系？

（4）我是否具有某种习惯性的情绪强度？

（5）我是否总是突然"打开"或"关闭"情绪？

（6）我要花多长时间才能发现自己正处于某种特定的情绪状态？

（7）其他人是不是有时对我的情绪表达感到意外？

（8）我最近一次难以放弃一种情绪状态是在什么时候？发生了什么？牵涉到哪些人？

（9）我什么时候实现了从一种情绪状态向另一种情绪状态的转变？发生了什么？

（二）学会控制自己的情绪

要避免情绪影响沟通，应以平等的心态来沟通；要避免过于表现自我，自我优越感在沟通的时候会流露出炫耀的语气，给其他沟通者带来不快，并可能因此让其他沟通者从情绪上严重抵触。自己心态放平了，有利于避免对方的抵触情绪，会使沟通更有效。

学会控制情绪，可从以下五个方面入手：

（1）学会放松。当你感觉过分紧张、烦恼、恐惧时，可采用深呼吸的方法放松自己，即深深地吸气、慢慢地呼气，使自己的身心放松。也可以采用自我暗示的方法，如反复默念"我现在放松了，我的全身处于自然的轻松状态"，还可以用回忆过去成功的体验来鼓励自己。

（2）学会转移。当火气上涌时，有意识地转移话题或做其他的事情来分散注意力，可使情绪得到缓解，如打球、散步、听流行音乐等。

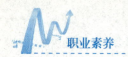

（3）学会宣泄。遇到不愉快的事情及委屈，不要埋在心里，要向知心朋友或亲人诉说或大哭一场。这种发泄可以释放内心郁积的不良情绪，有益于保持身心健康，但发泄的对象、地点、场合和方法要适当，避免伤害他人。

（4）学会安慰。当一个人追求某项目标而达不到时，为了减少内心的失望，可以找一个理由来安慰自己，就如狐狸吃不到葡萄说葡萄酸一样。这不是自欺欺人，偶尔作为缓解情绪的方法，是很有好处的。

（5）学会幽默。幽默是一种特殊的情绪表现，也是人们适应环境的工具。具有幽默感，可使人们对生活保持积极乐观的态度。许多看似烦恼的事情，用幽默的方法对待，往往可以使不愉快的情绪荡然无存。

自我情绪控制测试

（1）你通常是如何调节和控制情绪？这些方法好不好？

（2）你能做到在逆境中也能保持谈笑自如吗？

（3）情绪和理智对你来讲，哪一个更多地影响你？

（4）当你将自己的情绪带到工作中的时候常会得到什么样的结果？

（5）请你设计一个沉着冷静地控制自己情绪的自我，并用详细的语言描述出来。

（6）若你有烦闷的情绪，请先自查一下原因，并写在纸上，一条一条地写清楚为的是哪些事，然后尽力去改变它。做做看，并将之前和之后的感受相对比，看看有什么不同。

（7）你怎样避免将自己的情绪融入与人沟通的过程？

四、沟通第四大技巧：客观表达

沟通的第四大技巧是客观表达，我们可以把它分成以下八个要点。

（1）谨慎地表达你的信息，用事实、中性及非判断性的词语。有效表达形式是"我"式陈述句。包括行为、你的反应、你希望的结果。

（2）客观描述。如果你做事总是拖拉懒散，对方就根本没有必要听你说完。如果换成一句客观描述的话，对方的感觉就不一样了。对方也很难反驳，我们还可以进一步陈述其影响与后果。

（3）说出你希望的结果。比如，如果你想让别人帮你洗碗，如果你说"我要你给我洗碗"。同样的意思换一句话说"如果有人帮我洗碗，我会很高兴"，那感觉就完全不一样了。所以说，如果直接要求别人做某件事，通常会遭到拒绝，但如果你清楚地说出你希望的结果，对方就会知道怎么做，还会乐意去做。

（4）巧妙使用反向表达和反向思考。也就是看你是使用 A+B=1，还是使用 A=1－B 的问题。比如，管理者这样问下属："这项工作还没有做完吗？"下属肯定会说："没有，还差一点。"这可不是管理者想要的结果，但若换成反向表达或反向思考的提问方式，如"这项工作全做完了吗？"这样感觉就大不一样了。

（5）将"但是"换成"也"。避免使用"但是""不过"，要做一个弹性沟通者。我们通常在说了"我明白你的意思"之类的话后，很容易会加上"但是"或"不过"这样的字眼，如果使用这些字眼，你给对方的印象，就是你认为他的观点在你的眼中是"错的"或者不关注他所说的问题。

比如，如果你说："你说得很有道理，但是……"这句话的意思是指说话者说得没道理，如果把"但是"换成"也"，则变成"你说得很有道理，我这里也有一个很好的主意，不妨我们再讨论讨论？"这样表达的效果就会不一样。

其实，这样说会有以下三层意思：

① 表明你能站在对方的立场上看问题。

② 表明你正在建立一个合作的架构，你是为了想做成这件事情而提这个意见，而不是为了反对他。

③ 最重要的是为自己的想法另开一条不会遭到抗拒的途径。

所以说，在沟通中如果我们说"但是"就意味着否定他人的说话内容，这样我们还能做好沟通吗？

（6）反馈要具体。如果王强的领导说："王强，你可真懒，你这是什么工作态度？"这样说，王强会摸不着头脑，心里还会想："我又犯什么错误了？"但如果换句话说："王强，最近三天，你连续迟到三次，能解释一下原因吗？"这样你要表达的意思就具体清楚了，王强就明白是讲迟到的事了。

（7）反馈要着眼于积极的方面。这里也有两句话，我们来做个比较。"张华，你在上次会议上的发言效果不好，这次发言之前你是否能先给我讲一遍。""张华，你是否能把准备好的发言先给我讲一遍，这样可以帮助你熟悉一下内容，使你在现场能更加自信。"是不是第二句的表达会更好一些？所以，反馈一定要着眼于积极的一面。

（8）复述引导词语。复述引导，就是将复述和附加问题这两种手段结合起来使用，就可以将谈话内容引导到你想要获得更多信息的某个具体方面。

例如，某领导对手下的一名部门主管说："对于你们部门几个月前曾出现的工作失误，对此我感到遗憾！我想那一定使你的管理工作变得更加困难，那你又是如何保持你们部门的业绩呢？"

在这里领导复述了某部门的问题，然后又将话题转回来问自己想了解的问题。

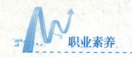

为什么要复述呢？

可以这么说，你非常有必要提一下你想了解的问题的背景，这样你先声明了错误不是他造成的，避免他有不舒服的情绪。同时，他也有义务将自己下一步工作如何开展表述给你听。

五、沟通第五大技巧：了解情况使用开放式的问题，促成则使用封闭式问题

如果你提出的是一个封闭式的问题，那么你只能得到较少的信息。人们通常回答"是"或"不是"。封闭式的问题对于寻求事实，避免有人提出一些啰唆问题是有帮助的，而对于了解事情的全貌是不利的。所以，我们要避免用一些无用问题、多重问题、引导性问题、封闭式问题、居高临下的问题，而搜集正确信息最好用开放式的问题、探索式的问题、中立性的问题。

下面，我们来做一个比较（见表5-1）。

表5-1 封闭式问题和开放式问题对比

封闭式问题	接收方回答	开放式问题
你喜欢你的工作吗？	喜欢	你喜欢你的工作的哪些方面？
会议结束了吗？	结束了	会议是如何结束的？
今天中午吃肯德基好吗？	好	今天中午想吃什么？

看了这个比较，我们就知道了以后要多用开放式的问题提问题，开放式的问题可以帮助我们获得一些无偏见的需求，帮助我们更透彻地了解对方的感觉、动机和顾虑，对方由此会让你接近他们的内心世界，使你有机会沟通成功。

而对于管理者来说，有时候却需要使用封闭式问题，特别是给下属布置任务时。在这个时候，如果你用开放式问题，那可就麻烦了。

所以请记住：了解情况使用开放式的问题；促成则使用封闭式问题。

六、沟通第六大技巧：赞美

（一）赞美是沟通的开始

人性的弱点是喜欢批评人，却不喜欢被批评；喜欢被人赞美，却不喜欢赞美人。因此，拉开了人与人之间的距离。但如果把我们亲切的眼神带给对方，冷漠就会因此消失。赞美使人愿意沟通。沟通是双方的互动，如果一方不愿沟通，那么，沟通必然失败。假设你要与一位女士沟通，首先赞美她的衣服漂亮，她一定会高兴，会乐意与你沟通；反之，当你

批评她的衣着时，她一定懒得理你，所以，赞美往往使人愿意与你沟通，如在工作中，当你肯定同事的优点时，同事很乐意帮你，会把他的经验告诉你，这就是赞美的作用，它让对方愿意与你沟通。

（二）赞美的技巧

虽然，赞美有利于沟通，但是，赞美却需要技巧、需要真情投入，适当的赞美是建立在细致的观察与鉴赏之上的。

（1）赞美出于真诚。不真诚的赞美，给人一种虚情假意的感觉，或者会被认为怀有某种不良目的，被赞美者不但不感谢，反而会讨厌；言过其实的赞美，不能实事求是，会使受赞美者感到窘迫，也会降低赞美者的威信；虚情假意的奉承对人对己都是有害无利的。

（2）赞美要不失时机。对朋友、同事身上的优点，你要尽可能地随时随地去发现，如果你真心诚意，就要抓住时机，积极反馈。他的一个表情、一个动作、所说的一句话、所做的一件事，你都要看在眼里、记在心里。赞美的时机多种多样，当时、事后、大庭广众之下、两人独处之时都可进行，但一般以当时赞美、当众赞美为好。

（3）力争是第一次发现。你所发现的对方的特色、潜能、优势最好是别人还没有发现，甚至是他自己也没有发现的内容。你的赞扬会令他恍然大悟，瞬间增强自信，从而对你产生好感。

（4）与对方的内心好恶相吻合。他自己认为是缺点，内心极为厌恶，但却被你夸奖，这会令他无法接受。如你赞美某个朋友像某个电影明星，而他恰好讨厌这个明星的相貌或性格，那你的赞美就适得其反。

（5）寻找对方最希望被赞美的内容。各人有各人的长处，他们固然盼望得到别人公正的评价，但在那些还没有自信的方面，尤其不喜欢受到人家的恭维。例如，女孩都喜欢听到别人夸赞她们美丽，但对于具有倾国倾城姿色的女孩就要避免再去赞扬了，而应称赞她的智力。如果她的智力又恰好不如别人，那么你的称赞一定会使她雀跃无比。

（6）间接恭维。引用他人的评价，对某个朋友、同事过去的事迹，也就是既成的事实，加以赞美，被称为"间接恭维"，这证明你对他的成就声誉有所了解，对方会欣然接受你的亲切、热情。

（7）背后赞美。在背后赞美人，是一种至高的技巧，因为人与人之间难得的就是背后能说好话，而不是坏话。如果一个人知道你在别人非议他时挺身而出、主持公道，一定会非常感激你。

（8）引其向善的赞美。赞美与谄媚、奉承的区别就在于"引其向善"。你希望对方拥有哪些优点、巩固哪些优点，你就要发现这些优点，并及时给予鼓励，对方的自尊心受到激励后，会朝着你赞许的方向努力。

（9）含蓄性的赞美。过于直接、过于暴露的赞美时常会令对方感到过分和肉麻，抽象和含蓄的赞美却可使人迷醉。词语本身含有多方面的意思，可做多种解释，对方会不自觉地往好的方面去想。如你赞扬她，"你的眼睛好漂亮"，如果对方真的如此，她只会认为是理所当然的。但如果并非如此，这便成了一种讽刺。所以，倒不如说"你很有气质"，能产生更好的效果。

（10）直观性的赞美。初次相识时，可较多地使用这种方法。从对方的饰物入手，对其衣着、装饰等具体事情予以发现并适度赞扬。这会让对方感到轻松、自然，从而使气氛活跃起来。

七、沟通第七大技巧：肢体语言

人们在沟通时通常会借助一些肢体语言来辅助沟通，那肢体语言又能产生什么效果呢？

1965 年，美国心理学家佐治·米拉经过研究后发现沟通的效果来自文字的只有 7%，来自声调的有 38%，而来自身体语言的有 55%。也就是说，人们吸收信息的来源，说话者的谈话内容占 7%，声音的语调、速度、分贝占 38%，身体的动作表达占 5%。最典型的例子就是卓别林的喜剧，大家看了就开始止不住地笑，这就是肢体语言的效果。

（一）注意与人接触的距离

（1）亲近的朋友和家人可以保持 45 厘米的距离；

（2）朋友和亲近的同事可以保持 45~80 厘米的距离；

（3）同事或熟人应保持 60~120 厘米的距离；

（4）陌生人取决于友好程度，大约要保持 150 厘米的距离。

（二）要注意眼睛

眼睛是心灵深处的透视镜，我们一起来看看下面的这几个"视线"：

（1）商谈视线：直视对方的额心和双眼之间一块正三角形区域会产生一种严肃的气氛。

（2）社交视线：注视对方双眼和嘴巴之间形成的倒三角形区域便会产生社交气氛。

（3）亲密视线：就是越过双眼往下经过下巴到对方身体其他部位。近距离时，在双眼和胸部之间形成三角形；远距离时则在双眼和下腹部之间。

（4）斜视加微笑表示兴趣；若斜视加下垂的嘴角则表示敌意。

（5）闭眼令人恼怒。

（6）微笑表示友善礼貌，皱眉表示怀疑和不满意。

所以，在沟通过程中，请保持适当的目光接触。

（三）脸部是视觉的重心

脸部是视觉的重心，它在沟通的肢体语言中，占了举足轻重的地位，是最容易表达也是最快引发回应的部分。脸上的表情包括口形、嘴巴的律动。嘴角的上下、眼睛的转动、眼神的正邪、正眼或斜眼看人、眉毛的角度、眉毛的扬抑等都可以综合反映出一个人的情绪，例如，悲伤、快乐、愤怒、仇视、怀疑等。

（四）身体方向

身体方向是心语的传送管道，个人躯干或双脚面对的方向，表示内心向往的去处。判断一组对话属于开放式还是封闭式的方法很简单，通常开放式是两个人身体形成90度，欢迎第三者加入；而封闭式的身体角度为0度，并表示亲密或对抗。

（五）手势

手势，人类的第二张脸，手势在我们沟通交流中是很容易被忽视的，有时还认为手势无关紧要，特别是喜欢用手指指着别人说话，其实是很不礼貌的。

（1）掌心向上，表示顺从或请求。

（2）掌心向下，表示权威或优势。

（3）手掌收缩伸出食指，表示威吓。

（4）举手用力向下，表示有攻击、恐吓的意味。

（5）高举单手或竖起手指，示意你想说话或在会议中发表见解。

（6）用食指按着嘴巴，示意"肃静，不要吵"。

（7）手指着手表或壁钟，示意停止工作或时间到了。

（8）把手做成杯状放在耳后，手掌微向前，示意"请大声一点，我听不清楚"。

（六）其他肢体语言

在沟通中每个人还有一些不自觉的身体语言，常在沟通过程中展现出来。

（1）感兴趣或兴奋时，瞳孔会放大。

（2）与某人说话时越来越投入，深度感兴趣时，身体慢慢向前倾。

（3）紧张的时候，耸起肩膀、握紧双手、脸部肌肉收缩。

（4）犹豫不决时摸着鼻子。

（5）对事情不是很肯定时半遮着嘴巴。

（6）不耐烦、没耐心时左顾右盼，玩弄手上的笔。

（7）没兴趣时全身放松靠在椅背上，或交叉双腿，摇晃放在上面的腿。

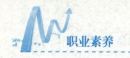

提高沟通技巧的五个途径

我们需要善于沟通的人才!

如果这句话你听过至少一千遍了,那就举手示意吧。实际上,你很可能听过太多次数,以至于这句话已经变得毫无意义。沟通是将一个组织凝为一体的黏合剂。正是有了沟通,我们才能交流思想、相互学习,而且可能最重要的是,人与人之间才能相互联结。

"对于招聘人员来说,最为重视的因素始终是(招聘对象)沟通和人际交往的技能。"上述论断取自哈利斯互动公司(Harris Interactive)与《华尔街日报》(Wall Street Journal)的商学院调查报告,2017年9月出版。

那么,为什么我们平时并不关注沟通的作用,而直到出了问题才去强调呢?一个原因恐怕是,我们没有花时间来量化沟通的作用。

这就是我发现《纽约时报》(New York Times)的亚当·布莱恩特(Adam Bryant)对达美航空公司(Delta Airlines)首席执行官理查德·安德森(Richard Anderson)的专访令人耳目一新的原因。在专访中,安德森清晰地描述了他对有效沟通的期待。

1. 掌握基本的表达技能

"人们确实必须掌握书面的和口头的用语。"安德森说。口头表达能力要好,通过书面或者电子邮件形式的表达能力也要好。如果不能条理清晰地沟通,对方就不能确信对自己有何期待。

2. 想清楚你准备说什么

安德森并不喜欢使用PPT。没有"主语、动词和宾语"的点式列举,不能表达"完整的思想"。对于安德森先生来说,PPT本身不是问题;而那些用PPT来大致表述思想的经理人才是问题。太多的经理人用PPT来概述自己的思想,而不是充实和丰富自己的思路。

3. 为会议做好准备

会议的资料要提前分发,并且表述要简明扼要。同时安德森也希望会议能"准时开始"。这些都是会议准备过程的一部分。很多会议经常在开始之前就偏离了主题,原因就是经理人和员工们在说话之前没有花时间思考一下他们要说些什么。

4. 参与讨论

"我希望有争论。"安德森说,"我想听到每个人的想法,因此你要多提问题,少做陈述。"时常发生的情况是,要么是因为时间紧迫,要么可能是太过自以为是,高管们没有表明他们想要听到不一样的观点。这就导致会议结果都是"集体的思想",因为没有人畅所欲言。

5. 认真聆听

如果没有人在听,讨论就没有意义。安德森不愿看见他的经理们在开会时查看他们的"黑莓"手机,因为这表明他们没有集中注意力,就像在开会时读报纸一样,安德森说道。我们在口头和书面沟通技巧方面花的时间已经够少了,而花在聆听上的时间就更少了。因此,太多的经理人最终不了解相关信息,从而做出了错误的决策,酿成大错。多花点时间倾听,可能就会避免这样的灾难。

"你重视什么,就衡量什么。"是薪酬管理专家常用的一句话,主要是指要根据公司的目标调整激励的标准。同样的哲理也可以运用在沟通方面。如果你看重沟通技巧,你就会招聘、培训相关的人才。口头表述能力是基础,企业同样需要考察更广泛的内容:如何较好地运用这些沟通技能来告知、劝说、教导和激励他人?这需要多年的训练和学习。通过清晰的沟通来指引方向是领导者的责任——指导他人这样做,也同样是领导者的责任。

(资料来源:http://www.ahsrst.cn/a/201703/258134.html)

一、电话沟通

1. 训练内容

通过自检的方式,找出自己在电话沟通中存在的一些不良习惯,总结不足,切实改进电话沟通的效果。

2. 训练目的

(1)学会拨打和接听电话的基本技巧。

(2)克服电话沟通中的不良习惯。

(3)培养良好的语言表达能力。

(4)能通过电话沟通方式解决一般问题。

3. 训练要求

(1)对照表5-2,分项列出自己在接听、拨打电话时的实际表现。

(2)对照表5-3,找出自己哪些要点没有做到,并写出改进措施。

(3)以成立一个学生社团为事由打电话与辅导员沟通此事。

(4)以小组为单位总结接听、拨打、转达电话的基本技巧。抽取三个小组分别进行模拟表演。

自检一:你在电话沟通中有这些不良习惯(见表5-2)吗?

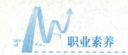

表 5-2　电话沟通中的一些不良习惯

问题情境	不良表现	你的表现
接听电话时	1. 电话铃响得令人不耐烦了才拿起听筒	
	2. 对着话筒大声地说："喂，找谁啊？"	
	3. 一边接电话一边嚼口香糖	
	4. 一边和同事说笑一边接电话	
	5. 遇到需要记录某些重要数据时，总是在手忙脚乱地找纸和笔	
拨打电话时	1. 抓起话筒却不知从何说起，语无伦次	
	2. 使用"超级简略语"，如"我是一院的××"	
	3. 挂完电话才发现还有问题没说到	
	4. 抓起电话粗声粗气地对对方说："喂，找一下刘经理。"	
转达电话时	1. 抓起话筒向着整个办公室吆喝："小王，你的电话！"	
	2. 态度冷淡地说："陈科长不在！"就顺手挂断电话	
	3. 让对方稍等，但很长时间不回复	
	4. 答应替对方转达某事却未告诉对方你的姓名	
遇到突发事件时	1. 对对方说："这事儿不归我管。"就挂断电话	
	2. 接到客户索赔电话，态度冷淡或千方百计为公司辩解	
	3. 接到打错了的电话很不高兴地说："打错了！"然后就粗暴地挂断电话	
	4. 电话受噪声干扰时，大声地说："喂，喂，喂……"然后挂断电话	

自检二：你在电话沟通时注意一些技巧（见表 5-3）了吗？找出目前的不足之处，制订改进计划。

表 5-3　电话沟通中需要注意的事项

序号	注意事项	要点	具体改进计划
1	电话机旁应备有笔记本和铅笔	是否把记事本和铅笔放在伸手就能拿到的地方 是否养成随时记录的习惯	
2	先整理电话内容，后拨电话	时间是否恰当 情绪是否稳定 条理是否清楚 语言是否简练	
3	态度友好	是否微笑着说话 是否真诚面对通话者 是否使用平实的语言	

续表

序号	注意事项	要点	具体改进计划
4	注意自己的语速和语调	谁是你的信息接收对象 先获得接收者的注意 发出清晰悦耳的"喂"音	
5	不要使用缩略语、专用语	用语是否规范准确 对方是否熟悉公司的内部情况 是否对专业术语加以必要的解释	
6	养成复述习惯	是否及时对关键性字句加以确认 善于分辨关键性字句	

二、沟通艺术

"不管什么事情，只要交给小李我就放心了。"小李进公司三年，这是领导经常挂在嘴边的一句话，开始小李很高兴，但时间一天天过去，交给他的工作却越来越多。

小李就是加班加点也干不完，可周围的同事却闲得多，薪水却并不比他少。而小李干得越多犯错的机会也就越多。

小李总觉得领导很信任他，所以他从来不对领导"抱怨"，而领导如果继续给小李增加任务，小李应该怎么办？于是，小李决定找领导谈谈。

请你来思考小李这次找领导谈话的内容。

不要先顾及自己的面子，先要问问自己，如果我是小李，我会：

（1）我到底要的是什么？

（2）我要他人做什么？

（3）我如何改善关系达成一致？

项目六

讲求团队协作

团队协作是指通过团队完成某项制定的事件时所显现出来的自愿合作和协同努力的精神。团队协作如果运用得好，对管理团队特别重要，可以培养团队的向心力。

团队协作是一种为达到既定目标所显现出来的资源共享和协同合作的精神，它可以调动团队成员的所有资源与才智，并且会自动地驱除所有不和谐、不公正的现象，同时对表现突出者及时予以奖励，从而使团队协作产生一股强大而持久的力量。

任务一　团队的力量

雁 阵 效 应

雁群在天空中飞翔，一般都是排成人字阵或一字斜阵，并定时交换左右位置。生物专家们经过研究后得出结论，雁群这一飞行阵势（见图 6-1）是它们飞得最快最省力的方式。因为它们在飞行中，后一只大雁的一侧羽翼，能够借助于前一只大雁的羽翼所产生的空气而节省力气。一段时间后，它们交换左右位置，目的是使另一侧的羽翼也能借助于空气动力缓解疲劳。管理专家们将这种有趣的雁群飞翔阵势原理运用于管理学的研究，形象地称之为"雁阵效应"。

飞在最前面的是领头雁，相当于公司的高层，始终保持正确的方向，它要不断提醒身后的"左膀右臂"，努力地向前飞；飞在第二排的大雁是领头雁的"左膀右臂"，相当于公司的中层，时刻准备着肩负更加艰巨的任务，它要不断地给身后的成员辅导。飞在后排的大雁是团队成员，相当于公司里的基层。

一个队伍中最重要的是领头雁，风洞实验证明，领头雁的体力消耗大概是后一团队成员的 1.75 倍，所以大雁们是轮流充当领头雁的。当领头雁累了，会退到队伍的侧翼，它身后的大雁会取代它的位置，继续领飞。其实企业也是这样，作为左膀右臂的中层管理人员,总有一天也可能进入高层,肩负更重的责任,贡献更大的价值。中层管理者对基层员工要起到辅导作用。数据显示,团队基层成员业绩的 40%有赖于直接上级的辅导。

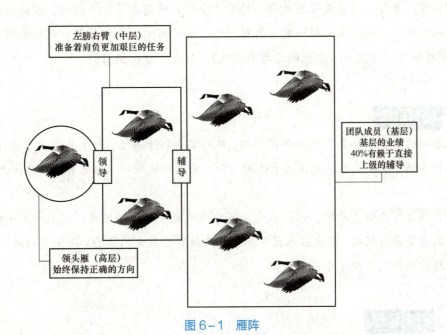

图 6-1 雁阵

大雁团队目标清晰,每年冬天就往南飞,迁往固定的栖息地,千百年来都是如此。一群编成"人"字队形飞行的大雁,要比具有同样能量的而单独飞行的大雁多飞 70%的路程,也就是说,编队飞行的大雁能够借助团队的力量减少飞行的阻力飞得更远——协作增加 70%的力量。

大雁的叫声热情十足,能够鼓舞同伴。大雁用叫声鼓励飞在前面的同伴,使团队保持前进的信心——协作会增强组织的信心。当一只大雁脱队时,会立刻感到独自飞行的艰难迟缓,所以会很快回到队伍当中,继续利用前一只大雁创造的空气动力飞行——协作具有吸附力。

大雁的团队不离不弃,当一只大雁受伤脱队,另外的两只大雁也会脱队帮助和保护它,直到它能继续飞行。若脱队大雁不能飞行,两只大雁直到它死去才会离开,再追上前面的雁阵。

"雁阵效应"揭示了管理工作中部门行为与全局行为之间的关系:这两种行为是相互影响和相互促进的,全局行为的效能提高离不开部门行为的配合,例如整个雁阵要飞得快、飞得省力,必须依靠每只大雁"位移"和"对齐"的配合;而全局行为效能提高后也就能够保证部门行为效能的提高,例如整个雁阵飞得快、飞得省力后,每个大雁就可以借助其

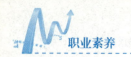

他大雁的羽翼所产生的空气动力，使自己的飞行更快、更省力。联系我们的企业管理工作，就要求企业的各个部门行为既要满足整个企业行为的要求，又要有协作精神，通过追求部门行为和整个企业行为的和谐一致，来达到提高工作效能之目的。

所谓团队合作，就是要像划龙舟一样分工合作，所有成员全力以赴，最后赢得比赛；所谓团队精神，就是要像大雁一样，目标一致，齐心用力，互相帮助，无私奉献。

（资料来源：胡坚兴《管理的思考与实践》，企业管理出版社）

 任务启示

在非洲的草原上如果见到羚羊在奔跑，那一定是狮子来了；如果见到狮子在躲避，那就是象群发怒了；如果见到成百上千的狮子和大象集体逃命的壮观景象，那是什么来了？蚁群。

一只蚂蚁可能微不足道，但是成千上万的蚂蚁就可以所向披靡。以上案例告诉我们：一个人的力量是有限的，只有融入团队中才能发挥自己最大的能力，而完美的团队在团队目标实现的同时也实现了个人的目标。

 任务目标

1. 能顺利融入团队。
2. 掌握团队合作的技巧，能进行团队合作。

 任务学习

中国有句古话，叫作"人心齐　泰山移"（见图6-2），也就是现在我们常说的"团结就是力量"，这其实就是团队精神的体现。我们所处的时代是一个需要团队精神的时代，学校就是一个大的团队，在很多方面都需要具备团队精神。同学之间的和谐相处，班级之间的协同合作，无一不需要具备这种团队精神。没有团队精神的集体就像一盘散沙，没有凝聚力，即使用力攥在手里也会一点点从指缝中滑落。但是，如果在沙子中加入水，沙子就会变湿，聚成一块，捏起来才不会散落。对于一个集体来说，团队精神就如同水一样重要，可以起到黏合剂的作用，使集体中的每一位成员都能紧紧团结在一起。有了团队精神的集体才会有凝聚力，也才更加有竞争力。

团队合作素养是时代发展对人才提出的要求，是人格、个性健全发展的高素质人才的必备素养。一个人的学习、生活、工作都离不开他人的帮助，一个团队的发展也离不开队员之间的合作。只有具备良好的团队精神，才能在激烈的人才竞争中占据优势并获得主动，才能获得事业的成功。

图 6-2　人心齐　泰山移

一、团队的内涵

团队是由基层和管理层人员组成的一个共同体，它合理利用每一个成员的知识和技能来协同工作，解决问题，达到共同的目标。

1994 年，斯蒂芬·罗宾斯首次提出了"团队"的概念：为了实现某一目标而由相互协作的个体所组成的正式群体。在随后的十年里，关于"团队合作"的理念风靡全球。当团队合作是出于自觉和自愿时，它必将会产生一股强大而且持久的力量。

对于团队的英文"Team"（见图 6-3），有一个新的解释：T——Target，目标；E——Educate，教育、培训；A——Ability，能力；M——Morale，士气。Team 代表的是：按团队的目标对团队成员进行适当的训练，提高他们的能力，从而提高士气。

图 6-3　团队

二、团队和群体的区别

在团队中，个人利益、局部利益、整体利益是相互统一的。同时，作为一个团队，它还要符合三个条件：自主性、创造性和协作性，如果不符合这三个条件，我们只能说它是一个群体，而不是一个团队。

（一）群体的概念

群体是两个以上相互作用又相互依赖的个体，为了实现某些特定目标而结合在一起。群体成员共享信息，做出决策，帮助每个成员更好地担负起自己的责任。

（二）团队和群体的差异

团队和群体经常容易被混为一谈，但它们之间有根本性的区别，汇总为以下六点：

1. 领导方面

作为群体应该有明确的领导人；而团队可能就不一样，尤其团队发展到成熟阶段，成员共享决策权。

2. 目标方面

群体的目标必须跟组织保持一致；但团队中除了这点之外，还可以产生自己的目标。

3. 协作方面

协作性是群体和团队最根本的差异，群体的协作性可能是中等程度的，有时成员还有些消极，有些对立；但团队中是一种齐心协力的气氛。

4. 责任方面

群体的领导者要负很大责任；而团队中除了领导者要负责之外，每个团队的成员也要负责，甚至要一起相互作用，共同负责。

5. 技能方面

群体成员的技能可能是不同的，也可能是相同的；而团队成员的技能是相互补充的，不同知识、技能和经验的人综合在一起，形成角色互补，从而达到整个团队的有效组合。

6. 结果方面

群体的绩效是每一个个体的绩效相加之和；团队的结果或绩效是由大家共同合作完成的产品。

三、团队的类型与特点

（一）团队的类型

根据团队存在的目的和拥有自主权的大小可将团队分成以下四种类型：

1. 问题解决型团队

问题解决型团队是指团队成员就如何改进工作程序、方法等问题交换看法，对如何提高生产效率等问题提出建议。它的工作核心是为了提高生产质量、提高生产效率、改善企业工作环境等。如我国国有企业的生产车间、班组等，都是问题解决型团队，是团队建设的一种初级形式。

2. 自我管理型团队

自我管理型团队也称自我指导团队，它保留了工作团队的基本性质，但运行模式具有自我管理、自我负责、自我领导的特征。这种团队通常由 10～15 人组成，其责任范围很广，决定工作分配、步骤、作息等，这类团队的周期较长、自主权较大。比如，一条生产线上的员工，就组成了最基本的自我管理团队，由组长负责管理这个团队。

3. 多功能型团队

多功能型团队，由来自不同领域、不同层面的员工组成，成员之间交换信息、激发新的观点、解决所面临的重大问题，诸如任务突击、技术攻坚、突发事件处理等。这类团队工作范围广、跨度大、团队周期不确定。这类团队在一些大型的企业组织中比较多，比如，麦当劳就有一个危机管理团队，由来自麦当劳营运、训练、采购、政府关系部等部门的一些资深人员组成，重点负责应对突发的重大危机。

4. 虚拟型团队

虚拟型团队是人员分散于远距离的不同地点但通过远距离通信技术一起工作的团队。虚拟团队的人员分散在相隔很远的地点，可以是在不同城市，甚至可以跨国、跨洲。人员可以跨不同的组织，工作时间可以交错，联系依靠现代通信技术，他们一起完成共同的目标和任务。

（二）团队的特点

1. 明确的团队目标

一个好的团队，成员一定有共同的、明确的目标。高效的团队对要达到的目标有清楚的理解，并坚信这一目标包含重大的意义和价值。

2. 共享

一个好的团队，就在于团队成员之间，能够将为了达成团队共同目标的资源、知识、信息及时地在团队成员中间传递，以便大家共享经验和教训。

3. 团队成员在技术或技能上形成互补

好的团队的特点就是大家的角色都不一样，每一个团队成员要扮演好自己特定的角色，角色互补才会形成好的团队。

4. 良好的沟通

好的团队首先能够进行良好的沟通，成员沟通的障碍越少，团队就越好，这也是每一

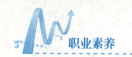

个处在团队中的人的深刻体会。

5. 共同的价值观和行为规范

现在所倡导的团队文化实际上是要求团队成员要有共同的价值观。价值观对于团队就像世界观对于个人一样，世界观指导个人的行为方式，团队的价值观指导整个团队成员的行为。

6. 归属感

归属感是团队非常重要的一个特征，当成员产生对团队的归属感，他们就会自觉地维护这个团队，愿意为团队做很多事情，不愿意离开团队。

7. 有效的授权

这是形成一个团队非常重要的因素，通过有效的授权，才能够把成员之间的关系确定下来，形成良好的团队。

四、团队的构成要素

团队有几个重要的构成要素，总结为"5P"。

（一）目标（Purpose）

当我们开始打算建立一个团队的时候，就该树立一个明确的目标，这个目标一直存在，直到这个团队完成这个目标为止。有了目标，知道要向何处去，知道怎么向前走，如果团队没有目标，它也就失去了存在的价值。有了共同目标后，团队成员才朝着这个目标共同努力，在完成一个共同目标的过程中，成员之间就会在无形中产生一种高于团队成员个人总和的认同感。这种认同感为如何解决个人利益和团队利益的碰撞提供了有意义的标准，使得一些威胁性的冲突有可能顺利转变为建设性的转折。

自然界中有一种昆虫很喜欢吃三叶草（也叫鸡公叶），这种昆虫在吃食物的时候都是成群结队的，第一个趴在第二个的身上，第二个趴在第三个的身上，由一只昆虫带队去寻找食物，这些昆虫连接起来就像一节一节的火车车箱。管理学家做了一个实验，把这些像火车车箱一样的昆虫连在一起，组成一个圆圈，然后在圆圈中放了它们喜欢吃的三叶草。结果它们爬得精疲力竭也吃不到这些草。

这个例子说明在团队中失去目标后，团队成员就不知道上何处去，最后的结果可能是饿死，这个团队存在的价值可能就要打折扣。团队的目标必须跟组织的目标一致，此外还可以把大目标分成小目标具体分到各个团队成员身上，大家合力实现这个共同的目标。同时，目标还应该有效地向大众传播，让团队内外的成员都知道这些目标，以此激励所有的人为这个目标去工作。

（二）人（People）

人是构成团队最核心的力量，2个（包含2个）以上的人就可以构成团队。目标是通过人员具体实现的，所以人员的选择是团队中非常重要的一个部分。在一个团队中可能需要有人出主意，有人订计划，有人实施，有人协调不同的人一起去工作，还有人去监督团队工作的进展，评价团队最终的贡献。不同的人通过分工来共同完成团队的目标，在人员选择方面要考虑人员的能力如何，技能是否互补，人员的经验如何。

（三）定位（Place）

团队的定位包含两层意思：一是团队的定位，团队在企业中处于什么位置，由谁选择和决定团队的成员，团队最终应对谁负责，团队采取什么方式激励下属？二是个体的定位，作为成员在团队中扮演什么角色？是订计划还是具体实施或评估？

（四）权限（Power）

团队当中领导人的权力大小跟团队的发展阶段相关，一般来说，团队越成熟领导者所拥有的权力相应越小，在团队发展的初期阶段领导权是相对比较集中。

团队权限关系的两个方面：

（1）整个团队在组织中拥有什么样的决定权？比如财务决定权、人事决定权、信息决定权。

（2）组织的基本特征，比如组织的规模多大，团队的数量是否足够多，组织对于团队的授权有多大，它的业务是什么类型。

（五）计划（Plan）

计划有两层面含义：一是目标最终的实现，需要一系列具体的行动方案，可以把计划理解成目标的具体工作的程序。二是提前按计划进行可以保证团队的工作进展顺利。只有在计划的操作下团队才会一步一步贴近目标，从而最终实现目标。

五、融入团队的意义

（一）融入队才能获得安全感和归属感

融入团队，我们会感到更强大，更自信，可以减轻"孤立无援"时的不安全感，也多了一份对外来威胁的抵抗力，进而得到安全感和归属感。

（二）融入团队才能获得指导和支持

每个人都有自己的优点，同时，也有着自身的不足，虽说勤能补拙，然而，要求每个

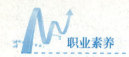

人都做到这一点,却不是那么容易的事情。团队中人才多,且团队一般都会安排以老带新,优秀团队更是有新员工培训计划,对新员工在日常工作、经验传授等方面进行全方位的培训,新员工在各方面获得指导、支持,进步更快。

(三) 融入团队才能实现个人价值的最大化

是团队成就了个体。在这个世界上,任何一个人的力量都是渺小的。想成为卓越的人仅凭自己的孤军奋战、单打独斗,是不可能成大气候的。你必须融入团队,必须借助团队的力量。只有融入团队,只有与团队一起奋斗,充分发挥出个人的作用,你才能实现个人价值的最大化,你才能成就自己的卓越!

(四) 融入团队才能实现团队力量的强大

是个体组成了团队。俗话说:"三个臭皮匠,赛过诸葛亮。""人多力量大。""一根筷子容易弯,十根筷子折不断。"这就是团队力量的直观表现。在一个团队里,如果每个人都能够充分发挥自己的优势,那么,这个团队将是无比强大的。正如一首军歌里所唱:这力量是铁,这力量是钢……

六、掌握融入团队的途径

(一) 主动了解团队文化

首先,就是文化认同。初入团队,最难适应的就是每个团队独特的团队文化。但要想在团队立足,你必须理解、认可、传播团队文化。只有你认可了团队的文化理念,快乐工作,自我价值的实现才会变成可能。

其次,决定加入哪个团队,除了考虑团队提供的薪水可以满足自己的要求外,最重要的还是看团队的整体氛围好不好、项目有没有可持续发展的前景、团队的核心领导有没有较强的人格魅力、团队提供的岗位和你自身的优势资源能不能有效对接。用四个"跟"来概括:跟自己的感觉走,跟品牌的理想走,跟团队的文化走,跟老板(核心领导)的魅力走。适应和从内心接受了团队的文化,你就为自己的工作打下了一个良好的心态基础,为自己的坚持和不放弃找到了理由,这样你才可能做到先升值,再升职;先有为,后有位!

(二) 主动了解团队目标

每个团队都有一个既定的目标来为团队成员导航,不同的人通过分工来共同完成团队的目标。作为团队的一名成员,我们要了解团队的目标,了解自己应该完成的小目标,跟大家合力实现这个共同的团队目标。

(三)主动了解团队成员

了解团队成员的能力、技能、经验等,我们一定要和优秀者合作,一定要争取靠近优秀者。与优秀者合作有助于帮助自己为团队做出贡献,为实现团队目标贡献自己的聪明才智,同时也能实现自己的职业理想。

(四)主动学习,勤于工作

初入团队,太多的东西需要了解和学习。制度流程、岗位职责、团队文化、产品知识、销售政策、网络渠道、网络营销、工作方法、礼仪知识……太多的东西需要我们在最短的时间内就熟知和了解。学习的途径和方法除了团队正常的培训外,更多的应该是员工用心去自学领悟和掌握,当然向老员工和前辈请教也是一个捷径。互联网是学习的最好老师,掌握和熟练运用互联网是员工必须具备的一项技能,这不仅仅对于现在的工作有用,对未来的人生也至关重要!

(五)主动沟通

初入团队,进入一个陌生的环境,失落和焦躁情绪是任何人都无法抵挡的。应善于沟通,熟悉工作岗位,让自己能投入工作状态中,尽快建立人际关系网。沟通无疑是我们进入团队必须习惯性做的事。如果我们一味地将自己封闭起来,沉默于自己的"一亩三分地",拒绝和同事沟通交流,结果可想而知,你会被拒之于这个团队之外,沦为"孤家寡人"。

(六)主动完成岗位工作

初入公司,一个主动积极的工作态度很重要,要主动参加团队活动,主动完成岗位工作。先不要问自己会做什么,而是要问问自己现在能做什么!我们工作生活在一个开放性的环境当中,创造性的工作是我们一贯倡导的工作方法,主动无疑是推进剂,凡事如果都要领导来安排,那么,我们已经失去了工作的意义。

(七)建立本人的人际网络

你知道普通人才与顶尖人才的真正区别在哪里吗?你可能会毫不犹疑地回答:是才能。那你就错了。哈佛大学商学院曾经做过一个调查发现:在事业有成的人士中,26%的靠工作能力,5%的靠关系,而人际关系好的占了69%。建立本人良好的人际网络,才能更好地融入团队,为团队做奉献。

要想成为出类拔萃的顶尖人才,不仅要提升你的才能,更重要的是拓展你的人际关系,提升你的人际竞争力,只有这样,你才会锋芒毕露,取得自己和团队事业的成功。

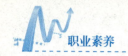

丰富的人际资源可使工作愈加得心应手。一个人在人际关系上的优势，就是人际竞争力。哈佛大学为了解交际能力在一个人取得成就的过程中起着怎样的作用，曾针对贝尔实验室顶尖研究员做过调查。他们发现，被大家认同的专业人才，其专业能力往往不是重点，关键在于"顶尖人才会采取不同的交际策略，这些人会多花时间与那些在关键时刻可能对本人有协助的人培养良好的关系，在面临问题危机时便容易化险为夷"。他们还发现，当一名表现平平的实验员遇到棘手问题时，会去请教专家，却往往因没有回音而白白浪费时间；顶尖人才则很少碰到这种情况，由于他们在平时就建立了丰富的资源网，一旦前往请教，立刻便能得到答案。

解 手 链

1. 训练内容

以 10~20 人为一组，进行解手链活动。

2. 训练目的

（1）学会运用团队的力量。

（2）认识团队中协作及沟通的重要性。

3. 训练要求

（1）所有人手拉手围成圈，记住你左侧和右侧的人员，听到"松开手"的指令后，人员散开并随意走动。听到主持人说"停"，大家停止行走，并与左右两边的人牵手。

（2）想办法恢复之前的牵手顺序。每名队友在恢复过程中，只能松开一只手。

（3）每组在游戏前，可以指定一名同学作为小组长，负责解手链活动中的沟通协调工作。

4. 讨论

（1）你开始的感觉怎样，是否感觉思路混乱？

（2）当解开一点以后，你的想法是否发生变化？

（3）恢复最初的顺序时，你是否感觉很开心？

（4）教师进行总结点评（生活在一个大团体中，产生一些摩擦、隔阂是很正常的，关键看我们如何去认识、如何去解开它）。

任务二　培养团队精神，打造高效团队

打造狼性高绩效团队——华为的团队精神

在所有的动物之中，狼是将团队精神发挥得淋漓尽致的动物。狼团队在捕获猎物时非常强调团结和协作，因为狼同其他大型肉食动物相比，实在没有什么特别的个体优势，因此它们懂得了团队的重要性，久而久之，狼群也就演化成了"打群架"的高手。

狼者，群动之族。攻击目标既定，狼群起而攻之。头狼号令之前，群狼各就其位，欲动而先静，欲行而先止，且各司其职，嗥声起伏而互为呼应，默契配合，有序而不乱。头狼昂首一呼，则主攻者奋勇向前，伴攻者避实就虚，助攻者蠢蠢欲动，后备者厉声而嗥以壮其威……

直到今天，华为团队，尤其是华为销售团队给人们的印象仍然是一群红了眼的"狼"。他们不仅极具攻击性，个个骁勇善战、目标一致、不达目的不罢休，而且往往以一个团队整体出击，纪律严明。这种特性成为华为品牌推广体系的强力支撑，使得华为能在短时间内站稳脚跟，并以令人吃惊的速度成长为中国通信行业的领袖。

任正非是军人出身，其管理风格带有浓厚的军事化色彩，这深深地影响着华为。他曾经对"土狼时代"的华为精神做了经典概括。他说："发展中的企业犹如狼群。狼有三大特征，一是敏锐的嗅觉，二是不屈不挠、奋不顾身的进攻精神，三是群体奋斗的意识。企业要扩张，必须具备狼的这三个特征。"

任正非在《华为基本法》的第二条提出了"企业就是要发展一匹狼"的观点。事实上，这也是任正非对华为过去的这些年之所以能够快速发展的一个总结，即重视人才，重用具有"狼性"的人才。

连华为的国际对手也不得不承认，华为人的"狼性"精神是最可怕的，他们不惜代价地穷追猛打，以其独有的方式获得竞争优势。

华为团队具有的"狼性"精神，不仅体现在其高度的危机感、敏锐的洞察力、激烈的进取心、高度的团队凝聚力等几个方面，而且还表现为心态积极、行为主动、勇于挑战、不畏困难、信念坚定、全力以赴等具体行为上。

不论是在国内还是在国外，华为团队流行了多年的"胜则举杯相庆，败则拼死相救"的口号，是对华为"狼性"精神的最好概括和总结。

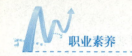

狼之所以能够在比自己凶猛的动物面前获得最终胜利，原因只有一个：团结。即使再强大的动物恐怕也很难招架一群早已将生死置之度外的狼群的攻击。可以说，华为团队协作的核心就是团结互助。

不难看出，华为的"狼性"不是天生的，而是在后来的生存和奋斗过程中逐渐积累形成的。任正非坚信一条真理：从来都没有什么救世主，也没有神仙皇帝。企业要富强，必须靠自己，靠发展一群战无不胜、攻无不克的"华为狼"。

（资料来源：王伟力《华为的团队精神》，海天出版社）

 任务启示

通过以上案例不难明白，华为的狼性文化在其初创时期起到了极其重要的作用。华为如果没有敏锐的嗅觉、不屈不挠的进攻精神和群体奋斗的协作精神，就很难在市场中有立足之地，因此华为的狼文化在塑造企业形象、激发员工进取精神以及同事之间团结互助等方面发挥了重要的作用。

 任务目标

1. 掌握团队精神的内涵和作用。
2. 掌握培养团队精神的重要性。
3. 掌握培养团队精神的途径。

 任务学习

一个人的力量是渺小的，但如果我们将自己融入集体，分工协作，那么力量就是无穷的。一根筷子能轻易被折断，十双筷子则能牢牢抱成团，才能发挥更大的作用。在追求个人成功的过程中，我们离不开团队合作。因为，没有一个人是万能的。

一、团队合作的内涵及重要性

（一）团队合作的内涵

团队合作是一种为达既定目标所显现出来的自愿合作和协同努力的精神。它可以调动团队成员的所有资源和才智，并且能够自动减少不和谐、不公正现象，同时会给予那些诚心、大公无私的奉献者适当的回报。如果团队合作是出于自觉自愿，它必将会产生一股强大而且持久的力量。

（二）团队合作的重要性

1. 通过团队合作，有利于激发团队成员的学习动力，有助于提高团队的整体能力

大部分人的心里都有希望他人尊敬自己的欲望，都有不服输的心理。这些心理因素都不知不觉地增强了成员的上进心，使成员都不自觉地要求自己要进步，力争在团队中做到最好，以便赢得其他成员的尊敬。当没有做到最好时，上述的那些心理因素可促进成员之间的竞争，力争与团队最优秀的成员看齐，以此来实现激励功能，提高团队的整体能力。团队成员内部竞争，有一定程度上的激发作用。

2. 通过团队合作，可以营造一种工作氛围，使每个成员都有一种归属感，有助于提高团队成员的积极性和效率

由于团队具有目标一致性，从而产生了一种整体的归属感。正是这种归属感使得每个成员感到在为团队努力的同时也是在为自己实现目标，与此同时也有其他成员在一起为这个目标而努力，从而激起更强的工作动力。

3. 团队合作有利于产生新颖的创意

从团队的定义出发，团队至少由两个或两个以上的个体组成。"三人行，必有我师焉。"也就是说每个人都有自己的优劣点以及自己独创的想法。团队成员组成的多元化有助于产生不同种想法，从而有助于在决策的时候可以集思广益而产生一种比较好的方案。

4. 团队合作可以实现"人多好办事"，团队合作可以完成个人无法独立完成的大项目

现在很多项目，都不是一个人在战斗。毕竟人无完人，一个人的力量有限，若是个人单打独斗难以把全部事情都做尽做全做大。但是多人分工合作，就会有人多力量大的优势，我们可以把团队的整体目标分割成许多小目标，然后再分配给团队的成员一起完成，这样就可以缩短完成大目标的时间，从而提高效率。

5. 团队合作更有利于提高决策效率

团队与一般的群体不同，团队的人数相对比较少，这种情况有利于减少信息在传递过程中的缺失、团队成员之间的交流沟通以及提高成员参与团队决策的积极性，同时领导的概念在团队之间相对不强，团队成员之间相对扁平，这有利于形成决策民主化。

6. 通过团队合作可以约束规范和控制成员的行为

在团队内部，当一个人与其他人不同时，团队内部所形成的那种观念力量、氛围会对这个人施加一种有形和无形的压力，会使他在心理上产生一种压抑和紧迫感。在这种压力下，成员在不知不觉中随同大众，在意识判断和行为上表现出与团队中大多数人相一致，从而达到去约束规范和控制个体的行为的目的。规范和控制个体的行为有助于团体行动的标准化，有利于提高团队的办事效率。

二、团队合作的基本要素

良好的团队合作包括四个基本要素：共同的目标、组织协调各类关系、明确制度规范管理与称职的团队领导。

（一）共同的目标

共同的目标是形成团队精神的核心动力，是建立良好团队合作的基础。因此，建立团队合作的首要因素，就是确立起共同的愿景与目的。目标是一个有意识地选择并能被表达出来的方向，要能够运用团队成员的才能促进组织的发展，使团队成员有一种成就感。但是由于团队成员的需求、思想、价值观等因素的不同，要想团队的每个成员都完全认同目标，也是不易的。

（二）组织协调各类关系

关系包括正式关系与非正式关系。例如，上级与下级，这是正式关系；他们两人恰好是同乡，这就是非正式关系。组织协调各类关系，则是要通过协调、沟通、安抚、调整、启发、教育等方法，让团队成员从生疏到熟悉、从戒备到融洽、从排斥到接纳、从怀疑到信任，团队中各类关系越稳定、越值得信赖，团队的内耗就越少，整个团队的效能就更大。

（三）明确制度规范管理

团队中如果缺乏制度规范会引起各种不同的问题。如果人事安排没有相应的制度、工作处事没有明确的流程，奖惩没有规范，不仅会造成困扰、混乱，也会引起团队成员间的猜测、不信任。所以，要制定出合理、规范的制度流程，把各项工作纳入制度化、规范化管理的轨道，并且使团队成员认同制度，遵守规范。

（四）称职的团队领导

团队领导的作用，在于运用自己调动资源的权力，调动团队成员的积极性，在团队成员的共同努力下实现工作目标。因此，团队领导要运用各种方式，以促使团队目标趋于一致、建立良好的团队关系及树立团队规范。团队领导在团队管理过程中，对有些不好把握、认识不清的问题，最有效的方法就是进行换位思考，把自己置身于被管理者的角度去感受成员的所思、所感、所需，将他人需求和特性作为出发点制定出相应的管理办法和制度规范。

三、团队合作的基础

（一）信任

建立信任是团队合作的基础，没有信任就没有合作。团队是一个相互协作的群体，它需要团队成员之间建立相互信任的关系。而团队间的信任感比较特殊，它是以人性脆弱为基础的信任，这就意味着团队成员需要平和、冷静、自然地接受自己的不足和弱点，转而认可、借助他人的长处。尽管这对团队成员是个不小的挑战，但为了实现整个团队的目标，成员们必须要做到和实现这种信任。

（二）良性冲突

冲突是团队合作中不可避免的阻碍，它是由于团队成员间对同一事物持有不同态度与处理方法而产生的矛盾、某种程度的争执。

团队管理者有时会为冲突担忧：一是怕丧失对团队的控制，让某些成员受到伤害；二是怕冲突会浪费时间。其实，良性的团队冲突是提升团队绩效不可或缺的因素之一，在冲突过程中，坦率、激烈的沟通和不同观点的碰撞，可以让团队拓展思路并避免群体思维，进而通过对不同意见的权衡斟酌，提高决策的质量，增强团队的创造力和生命力。同时，团队成员也能在良性的冲突沟通过程中充分交换信息，更为清晰地认知任务目标及实现路径。

（三）坚定的领导决策

团队是个有机的整体，离不开成员间的相互协作与信任。但"鸟无头不飞"，在团队合作时，更重要的是要有坚定的领导决策，有团队领导为团队指明方向、进行决策。决策的过程实际上是对诸多处理方案或方法的提出与选择，在这个过程中，面对各种影响决策的因素，团队领导则需要依靠自身的经验、思维等对它们进行筛选和运用，另外团队领导还需要广泛听取团队成员的各种建议，兼收并蓄、博采众长，从而进行决策，为团队引领方向。

（四）守时

守时是职场人必备的素质，是团队合作的基础，德语中有这样一句话："准时就是帝王的礼貌。"守时是职业道德的一个基本要求，如果你是一个新人，刚参加工作，需要面试，而你却迟到了，那么不管你有什么理由，都会被视为缺乏自我管理和约束能力，即缺乏职业能力，给面试者留下非常不好的印象。

守时是纪律中最原始的一种，无论是上班下班还是约会，都必须准时，守时是对一个人最基本的要求。记住，准时只是下限，早到5分钟才是守时。做一个守时的人，在得到别人尊重的同时，也会给别人一个好印象。守时是一种美德。懂得珍惜时间的人，不仅仅要注意不浪费自己的时间，也要时时注意不能够白白浪费别人的时间。管理好自己的时间，就是让自己无论在做什么事的时候都能够轻松应对、游刃有余。一个守时的人，必将获得别人的尊重。

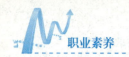

团队是由员工和管理层组成的一个共同体。团队合作是一种集体行动，就是合理利用团队中每一个成员的知识和技能协同工作，解决问题，达到共同的目标。集体主义需要较高的团队合作力，团队合作力不强，大多表现为团队成员的时间观念很差，不守时是最常见的现象。比如，团队会议是团队合作中必不可少的沟通工具，正是这种群体决策方式，让团队成员参与决策，更容易执行团队所定的目标和任务。一旦开会人没有到齐，会议就会延长时间，影响的就不是一个人的时间。在一家软件公司的人员招聘书上，不论是程序员还是部门经理，其职位要求都清楚地写着："守时，工作中有较强的计划性"和"具有强烈的团队合作意识、良好的沟通协调能力。"这就是说，守时和团队合作是一个应聘者必备的能力要求。其实，它们之间还有更重要的联系，守时是团队合作的基础。

（五）彼此负责

有效的团队合作是自然而主动的合作，团队成员不需要太多的外界提醒，就能全力地进行工作。团队成员了解既定的团队目标，清楚自身的角色定位，在合作过程中，彼此提醒注意那些无益于团队既定目标的行为和活动。因此，促进团队合作很重要的一个基础就是团队成员间能够彼此负责、协作出力、共同完成目标。

四、团队成员应具备的基本素质

一个优秀的团队离不开每个成员的努力，如果每个成员都能从大局出发，严格要求自己，多从其他成员的角度考虑问题，在团队合作中能尊重同伴、互相欣赏、宽容待人，那么一个优秀的团队就形成了。

（一）尊重同伴

尊重没有高低之分、地位之差和资历之别，尊重只是团队成员在交往时的一种平等的态度。平等待人，有礼有节，既尊重他人，又尽量保持自我个性，这是团队合作能力之一。团队是由不同的人组成的，每一个团队成员首先是一个追求自我发展和自我实现的个人，然后才是一个从事工作、有着职业分工的职业人。虽然团队中的每一个人都有着在一定的生长环境、教育环境、工作环境中逐渐形成的与他人不同的自身价值观，但他们每个人不论资历深浅、能力强弱，也都同样有渴望尊重的要求，都有一种被尊重的需要。

尊重，意味着尊重他人的个性和人格、尊重他人的兴趣和爱好、尊重他人的感觉和需求、尊重他人的态度和意见、尊重他人的权利和义务及尊重他人的成就和发展。尊重，还意味着不要求别人做你自己不愿意做或没有做过的事情。当你不能加班时，就没有权力要求其他团队成员继续"作战"。

尊重，还意味着尊重团队成员有跟你不一样的优先考虑，或许你喜欢工作到半夜，但其他团队成员也许有更好的安排。只有团队中的每一个成员都尊重彼此的意见和观点、尊重彼此的技术和能力、尊重彼此对团队的全部贡献，这个团队才会得到最大的发展，而这个团队中的成员也才会赢得最大的成功。尊重能为一个团队营造出和谐融洽的气氛，使团队资源形成最大程度的共享。

（二）互相欣赏

学会欣赏、懂得欣赏。很多时候，同处于一个团队中的工作伙伴常常会乱设"敌人"，尤其是大家因某事而分出了高低时，落在后面的人的心里很容易就会酸溜溜的。所以，每个人都要先把心态摆正，用客观的目光去看看"假想敌"到底有没有长处，哪怕是一点点比自己好的地方都是值得学习的。欣赏同一个团队的每一个成员，就是在为团队增加助力改掉自身的缺点，就是在消灭团队的弱点。欣赏就是主动去寻找团队成员尤其是你的"敌人"的积极品质，然后，向他学习这些品质，并努力克服和改正自身的缺点和消极品质。这是培养团队合作能力的第一步。每一个人的身上都会有闪光点，都值得我们去挖掘并学习。要想成功地融入团队之中，就要善于发现每个工作伙伴的优点，这是走到他们身边，走到他们之中的第一步。适度的谦虚并不会让你失去自信，只会让你正视自己的短处，看到他人的长处，从而赢得众人的喜爱。每个人都可能会觉得自己在某个方面比其他人强，但你更应该将自己的注意力放在他人的强项上，因为团队中的任何一位成员，都可能是某个领域的专家。因此，你必须保持足够的谦虚，这样会促使你在团队中不断进步并真正看清自己的肤浅、缺点和无知。

总之，团队的效率在于成员之间配合的默契，而这种默契来自团队成员的互相欣赏和熟悉——欣赏长处、熟悉短处，最主要的是扬长避短。

（三）宽容待人

美国人崇尚团队精神，而宽容正是他们最推崇的一种合作基础，因为他们清楚这是一种真正的以退为进的团队策略。雨果曾经说过："世界上最宽阔的是海洋，比海洋更宽阔的是天空，而比天空更宽阔的则是人的心灵。"这句话无论在何时何地都是适用的，即使是在角逐**竞技**的职场上，宽容仍是能让你尽快融入团队之中的捷径。宽容是团队合作中最好的润滑剂，它能消除分歧和战争，使团队成员能够互敬互重、彼此包容、和谐相处，从而安心工作，体会到合作的快乐。试想一下，如果你冲别人大发雷霆，即使过错在于对方，谁也不能保证他不以同样的态度来回敬你。这样一来，矛盾自然也就不可避免了。

相反，你如果能够以宽容的胸襟包容同事的错误，驱散弥漫在你们之间的火药味，相信你们的合作关系将更上一层楼。团队成员间的相互宽容，是指容纳各自的差异性和独特性以及适当程度的包容，但并不是指无限制地纵容，一个成功的团队，只会允许宽容存在，不会让纵容有机可乘。

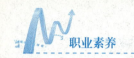

宽容，并不代表软弱。在团队合作中它体现出的是一种坚强的精神，是一种以退为进的团队战术，为的是整个团队的大发展，同时也为个人奠定了有利的提升基础。首先，团队成员要有较强的相容度，即要求其能够宽厚容忍、心胸宽广、忍耐力强。其次，要注意将心比心，即应尽量站在别人的立场上，衡量别人的意见、建议和感受，反思自己的态度和方法。

五、使自己成为团队中最受欢迎的人

要想成为优秀团队中的优秀人物，就要成为团队中最受欢迎的人。怎样使自己成为团队最受欢迎的人呢？

（一）出于真心，主动关心帮助别人

个人可以去拒绝别人的销售、拒绝别人的领导，却无法拒绝别人对他出于真心的关心。大多数人都在期望着别人对自己的关心，所以你要做到别人做不到的事情，如果别人不肯去关心其他人，那你要付出更多去关心他们。每一个职场人士都希望与同事融洽相处、团结互助。因为人们深知，同事是和自己朝夕相处的人，彼此和睦融洽，工作气氛好，工作效率自然也就会更好。反之，同事关系紧张、相互拆台、发生摩擦，正常工作和生活不但会受到影响，就连事业发展也会受到阻碍。

（二）要谈论别人感兴趣的话题

每个人一生中都在寻找一种感觉，这种感觉是什么呢？就是重要感。在和别人沟通的时候，你是一直不断地在讲还是认真地在听别人讲呢？如果你认真地在听别人讲，同时你又再问一些别人感兴趣的话题，别人就会对你非常有好感，因为人们都喜欢谈论自己。如果你愿意拿出时间来关心他人，谈论感兴趣的话题，你愿意了解他人所讲出来的他非常感兴趣的话题，那你一定会成为一个非常受欢迎的人。

（三）赞美你周围的同事

赞美被称为语言的钻石，每个人一生都在寻找重要感，所以人们都希望得到别人的赞美。人们希望获得很大的成就感，如果团队能为成员提供空间，使他们很好地获得成就感，大多数情况下团员都会留在团队，而且全力以赴，认真地为之付出。

不断地赞美、支持、鼓励周围的朋友和同事是使自己成为团队中受欢迎的人的有效办法。每一个人都有优点和独特性，所以要找到每个人独特的优点去赞美他。比如，一个成员取得了一些成绩，当你希望这种成绩再一次被延伸的时候，就要去赞美他，然后这种结果就会再一次地发生，受赞美的行为也会持续不断地出现。如果有一个销售人员刚刚签了一个很大的合同，团队当中的每一个成员都应去赞美他，都应该认为他是团队当中的英雄，

因为只有当他受到了这种赞美和鼓励，才会愿意下一次再去采取同样的行为，为这个团队付出。

（四）对别人的成就感到高兴，并真心地予以祝贺

如果真心地祝福获得财富的人，你也会慢慢地获得财富。如果你妒忌别人或者说你为别人取得成就而感到不舒服，那是因为你的心胸不够宽广。如果你的心胸宽广，你会为别人取得的成就而感到高兴，并且替他祝贺，因为你是个对自己非常有自信的人。做一个能够为别人取得成就而祝福的人，你就会取得跟他一样的成就。

（五）激发别人的梦想

人最重要的一个能力就是使别人拥有能力，所以人际关系当中最重要的就是要敢于去激发别人的梦想。当你激发了别人的梦想，别人通过你的激发和鼓励取得成就时，他就会衷心地感谢你。每一个人都期望别人给他十足的动力，帮他做出人生的决定，所以你要去激发别人，使他产生梦想，让他拥有应该拥有的"企图心"和上进心，激发他去获得最想要的结果。

六、团队精神的内涵

所谓团队精神，就是大局意识、协作精神和服务精神的集中体现，简单地说，就是一种集体意识，是团队所有成员都认可的一种集体意识。团队精神的基础是尊重个人的兴趣和成就，核心是协同合作，最高境界是全体成员的向心力、凝聚力，反映的是个体利益和整体利益的统一，并进而保证组织的高效运转。

团队精神的核心是无私的奉献精神，是自动担当的意识，是与人和谐相处、充分沟通、交流意见的智慧。它不是简单地与人说话、与人共同做事，而是不计个人利益，只重团队全体的奉献精神。

团队精神的形成并不要求团队成员牺牲自我，相反，挥洒个性、表现特长保证了成员能够共同完成任务目标，而明确的协作意愿和协作方式则产生了真正的内心动力。

团队精神是团队文化的一部分，良好的管理可以通过合适的团队形态将每个人安排至合适的岗位，充分发挥集体的潜能。如果没有正确的管理文化，没有良好的从业心态和奉献精神，就不会有团队精神。

七、团队精神的作用

（一）目标导向功能

团队精神能够使团队成员齐心协力，拧成一股绳，朝着一个目标努力。对团队的个人

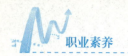

来说，团队要达到的目标就是自己必须努力的方向，从而使团队的整体目标分解成各个小目标，在每个队员身上都得到落实。

（二）凝心聚力功能

任何组织群体都需要一种凝聚力，传统的管理方法是通过组织系统自上而下的行政指令，淡化个人感情和社会心理等方面的需求。团队精神则通过对群体意识的培养，通过队员在长期的实践中形成的习惯、信仰、动机、兴趣、爱好等文化心理，来沟通人的思想，引导人们产生共同的使命感、归属感和认同感，逐渐强化团队精神，产生一种强大的凝聚力。

（三）促进激励功能

团队精神要靠每一个队员自觉地向团队中最优秀的员工看齐，通过成员之间正常的竞争达到督促和提醒的目的。这种激励不是单纯停留在物质的基础上，而是要能得到团队的认可，获得团队中其他成员的认可。

（四）实现控制功能

在团队里，不仅成员的个体行为需要控制，群体行为也需要协调。团队精神所产生的控制功能，是通过团队内部所形成的一种观念的力量、氛围的影响，约束、规范、监管团队的个体行为。这种控制不是自上而下的硬性强制力量，而是由硬性控制转向软性内化控制；由控制个人行为，转向控制个人的意识；由控制个人的短期行为，转向对其价值观和长期目标的控制。因此，这种控制更为持久且更有意义，而且容易深入人心。

八、培养团队精神的重要性

（一）团队精神有利于增强员工的责任心，做好本职工作

几乎所有大企业在招聘新人时，都非常留意人才的团队合作精神。他们认为一个人能否和别人相处与协作，要比他个人的能力重要得多。任何团队想要完成工作任务，必须合理分配好成员的任务。而团队精神较强的员工，自然会有很强的责任心，能尽责地完成自己的任务，不会偷工减料，得过且过。比如，餐厅厨房及厅面是一个团队，厨师负责烹制美味的菜肴，服务人员负责提供优质的服务。具有良好团队精神的厨师及服务人员都会在提高客人满意度及增加营业额的目标下，各司其职，做好本职工作。如果没有团队精神，不管是厨师不用心烹制食物，还是服务人员不热心服务，餐厅都会面临麻烦。

（二）团队精神直接关系到个人的工作业绩和团队的业绩

一个没有团队精神的人，即便个人工作干得再好，也无济于事。由于在这个讲究合作

的年代，真正优秀的员工不只要有超人的能力、骄人的业绩，更要具备团队精神，为团队全体业绩的提升做出贡献。一个人的成功是建立在团队成功的基础上的，只有团队的绩效获得了提升，个人才会得到嘉奖。

（三）团队精神决定个人能否自我超越、达到完美

认清团队精神，完成自我超越。个人不可能完美，但团队可以。在知识经济时代，竞争已不再是单独的个体之间的斗争，而是队与队的竞争、组织与组织的竞争，任何困难的克服和波折的平复，都不能仅凭一个人的英勇和力量，而必须依托整个团队。对每个人来讲，你做得再好，团队垮了，你也是失败者。21世纪最成功的生存法则，就是抱团打天下，必须有团队精神。所以作为团队的一员，只有把自己融入整个团队之中，凭借整个团队的力量，才能把自己所不能完成的棘手问题处理好。明智且能获得成功的捷径就是充分利用团队的力量。

（四）团队精神能推动团队运作和发展

在团队精神的作用下，团队成员产生了互相关心、互相帮助的交互行为，显示出关心团队的主人翁责任感，并努力自觉地维护团队的集体荣誉，自觉地以团队的整体荣誉感来约束自己的行为，从而使团队精神成为公司自由而全面发展的动力。具有良好团队精神的员工，在工作中能够细心观察每位同事的状态。如果发现同事工作状态不佳，情绪低落，频频出错，员工会跟这样的同事进行沟通，了解情况，及时给予关心和帮助，而不是在背后指责。在同事的关心及协助下，状态不佳的人能够更快地调整状态，更早地以饱满的精神回归到团队的统一战线上。

（五）团队精神能培养成员之间的亲和力

一个具有团队精神的团队，有利于激发成员工作的主动性，由此而形成集体意识、共同的价值观、高涨的士气、团结友爱的氛围。团队成员才会自愿地将自己的聪明才智贡献给团队，与其他成员积极主动沟通，同时也使自己得到更全面的发展。

（六）团队精神有利于提高组织整体效能

团队精神有利于提高团队的工作效益。通过发扬团队精神，加强建设团队精神，能进一步节省内耗。如果总是把时间花在怎样界定责任，应该找谁处理这些问题上，让客户、员工团团转，这样就会减少企业成员的亲和力，损伤企业的凝聚力。具有团队精神的人，在工作中不仅会做好本分工作，互相关心及相互支持，还会努力发挥自己的创造力，找出更有效的做事方法，提高团队的办事效率。

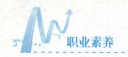

九、团队精神需要具备的因素

（一）团队精神的基础——挥洒个性

团队业绩从根本上说，首先来自团队成员个人的成果，其次来自集体成果。团队所依赖的是个体成员的共同贡献而得到实实在在的集体成果。这里恰恰不要求团队成员都牺牲自我去完成同一件事情，而要求团队成员都发挥自我去做好这一件事情。就是说，团队效率的培养，团队精神的形成，其基础是尊重个人的兴趣和成就。设置不同的岗位，选拔不同的人才，给予不同的待遇、培养和肯定，让每一个成员都拥有特长，都表现特长。这样的氛围越浓厚越好。

（二）团队精神的核心——协同合作

社会学实验表明，两个人以团队的方式相互协作、优势互补，其工作绩效明显优于两个人单干时绩效的总和。团队精神强调的不仅仅是一般意义上的合作与齐心协力，它要求发挥团队的优势，其核心在于大家在工作中加强沟通，利用个性和能力差异，在团结协作中实现优势互补，发挥积极协同效应，带来"1+1>2"的绩效。因此，共同完成目标任务的保证，就在于团队成员才能上的互补，在于发挥每个人的特长，并注重流程，使之产生协同效应。

（三）团队精神的最高境界——团结一致

全体成员的向心力、凝聚力是从松散的个人集合走向团队最重要的标志。在这里，有一个共同的目标并鼓励所有成员为之奋斗固然是重要的，但是，向心力、凝聚力来自团队成员自觉的内心动力，来自共同的价值观，很难想象在没有展示自我机会的团队里能形成真正的向心力；同样也很难想象，在没有明确的协作意愿和协作方式下能形成真正的凝聚力。

（四）团队精神的外在形式——奉献精神

团队总是有着明确的目标，实现这些目标不可能总是一帆风顺的。因此，具有团队精神的人，总是以一种强烈的责任感，满满的活力和热情，为了确保完成团队赋予的使命，和同事一起，努力奋斗、积极进取、创造性地工作。在团队成员对团队事务的态度上，团队精神表现为团队成员在自己的岗位上"尽心尽力"，"主动"为了整体的和谐而甘当配角，"自愿"为团队的利益放弃自己的私利。

十、培养提升团队精神的途径

在市场竞争越来越激烈的前提下，合作并不一定产生"1+1>2"的效果，如何进行有效合作，形成一种团队精神，以达到整体效益大于部分之和的效果，是每一个企业的重要任务。

团队精神日益成为一个重要的团队文化因素，它要求团队分工合理，将每个成员放在适合的位置上，使其能够最大限度地发挥自己的才能，并通过完善的制度、配套的措施，使所有成员形成一个有机的整体，为实现团队的目标而奋斗。团队精神的养成需要从以下几个方面入手：

（一）培养勇于奉献的精神

具备团队精神，首先就要检视自己的灵魂，只有高尚的、无私的、乐于奉献的、勇于担当的灵魂，才可能具备这种优点。

最能表现团队精神真正内涵的莫过于登山运动。在登山的过程中，登山运动员之间都以绳索相连，假如其中一个人失足了，其他队员就会全力援救。否则，整个团队便无法继续前进。

（二）培养大局意识

团队成员不能计较个人利益和局部利益，要将个人、部门的追求融入团队的总体目标中去，这样才能达到团队的最佳整体效益。培养以实现团队目标为己任的主动性和大局意识。团队精神尊重每个成员的兴趣和成就，要求团队的每一个成员，都以提高自身素质和实现团队目标为己任。团队精神的核心是合作协同，目的是最大限度地发挥团队的潜在能量。团队中成员之间的关系，一定要做到风雨同行、同舟共济，没有团队合作的精神，仅凭一个人的力量无论如何也达不到理想的工作效果，只有通过集体的力量，充分发挥团队精神才能使工作做得更出色。

新一代的优秀员工必须树立以大局为重的全局观念，不斤斤计较个人利益和局部利益，将个人的追求融入团队的总体目标中去，从自发地服从到自觉地去执行，最终完成团队的全体效益。

（三）培养团队角色意识

贝尔宾是英国剑桥大学的教授，他在1981年出版了一本书《团队管理：他们为什么成功或失败》，在这本书中他提出了团队角色模型的理论。贝尔宾教授的理论指出，每个人在工作环境中都有两个角色：一个是职能部门里的角色，通常由个体的岗位头衔所决定；另一个不那么明显，是个体天然倾向的团队角色。根据这个理论，贝尔宾教授创造了九种类型的团队角色，它们分别是：智多星、协调者、推进者、监督员、外交家、凝聚者、实干家、完美主义者以及专家。每种类型的角色都有其特色与专长，但也伴随着一定的可接受的弱势。

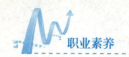

与人合作的前提是找准自己的地位,扮演好自己的角色,这样才能保证团队工作的顺利进行。若站错位置,乱干工作,不但不会推进团队的工作进程,还会使整个团队陷入混乱。团队要想创造并维持高绩效,员工能否扮演好自己的角色是关键也是根本,有时它甚至比专业知识更为重要。

(四) 培养宽容与合作的品质

团队工作需要成员之间不断地进行互动和交流,如果你固执己见,总与别人有分歧,你的努力就得不到其他成员的理解和支持,这时,即便你的能力出类拔萃,也无法促使团队创造出更高的业绩。如果你认识到了这些缺点,不妨通过交流,坦诚地讲出来,承认缺点,让大家共同协助你改进。培养宽容与合作的品质,不必担心别人的嘲笑,你得到的只会是理解和协助。

(五) 培养虚心请教的素质

向专业人士请教自己不懂的问题是一种非常宝贵的素质,它可以提升我们的能力,拓展我们的知识面,使我们的工作能力变得更强,更重要的是,请教别人还有利于我们获得良好的人际关系。

有时,我们并未自动请教,别人也会对我们的工作发表一些意见。千万不要对这种意见产生反感,不管意见是对是错,我们都要真诚地向对方道谢,并客观地评价这些建议。这些建议通常都极其有价值,可以为我们提供一个崭新的工作思绪或为我们开辟出一段新的职业生涯。

(六) 忌个人英雄主义

我们应该认识到,团队意识和个人英雄主义是矛盾的对立统一体。团队意识的强弱决定着团队的整体战斗力。团队工作是一个系统而整体的工作,加强团队意识的培养是提高战斗力的重要前提。而个人英雄主义也会影响团队成员工作的主动性和积极性。所以,加强团队意义的培养,并正确引导成员充分发挥个人英雄主义是提高效率的重要方法,而不是一味强调团队意义而忽视了个人英雄主义的正确发挥。

我们应该明白,只有整个团队的业绩提高了,自己才能更好地发挥潜能,所谓"大河流水小河满"说的也是这个道理。我们要充分认识到自己离不开团队,团队离开不自己,这样才能形成团队强大的凝聚力和战斗力。领导在工作中要合理授权,给下属更多发挥才能的机会。在工作中最大限度地调动成员的创造性思维,提高成员的独立作战能力和市场竞争意识。

团队意识和个人英雄主义是对立统一的,因此二者在特定的条件下会产生一定的冲突和矛盾。如果处理不当,势必影响团队的整体战斗力。根据团队利益为上的原则,个人英雄主义必须服从于团队利益，个人英雄主义的发扬必须以维护团队利益为前提，如过分强调个人英雄主义，整个团队就可能成为一盘散沙，变得不堪一击。

各尽所能，团结胜利

1. 训练内容

团队成员发挥各自的特长及优势，团结协作，取得最后的胜利。

2. 训练目的

（1）充分发挥团队成员的特长。

（2）训练团队成员的配合及沟通能力。

（3）各尽所能，增强小组凝聚力，争取团队胜利。

（4）共同感悟团队精神。

3. 训练要求

（1）准备：呼啦圈（若干个）、跳绳（若干条）、毽子（若干个）。

（2）将全班同学分成若干小组，一个小组作为一个团队，每个团队大约10人。

（3）游戏规则：

每队先选出一个人转呼啦圈，当完成20次以后，第二个人开始跳绳；当第二个人跳绳到20下时，第三个人开始踢毽子。在这一过程中，转呼啦圈和跳绳的人不能停，当踢毽子的人完成了10个的时候游戏才算结束。

（4）在游戏过程中，如果有一个环节失败，游戏就要从头开始。

（5）每组要在限定的5分钟内完成比赛，否则也算闯关失败。

（6）按游戏完成的时间来记成绩。

项目七

提高管理素养

要提高管理素养，必须增强与时俱进的学习意识，把学习摆在重要地位，学习是提高自身知识水平、理论素养的途径。只有不断地学习和更新知识，不断地提高自身素质，才能适应职场的需要。从实践中学习，从书本上学习，从自己和他人的经验教训中学习，把学习当作一种责任、一种素质、一种觉悟、一种修养，当作提高自身管理素养的现实需要和时代要求。

任务一 学会适应职场

职 场 难 题

小李以优异的成绩获得了大学毕业证书。但他从小学、中学到大学，整日埋头在书海之中，从未想过未来，因而毕业使他感到害怕，他不敢走入社会、不敢面对新的环境。不过后来，他还是进入工作单位，走向了职场。

可他在单位自恃清高，还认为自己是佼佼者，因而对同事不屑一顾。另外，在单位任务重需要加班加点工作时，他却按时到按时走，绝不在单位加班，而且只做领导布置的工作，多做一点便会不停抱怨。久而久之，同事们都疏远他，他也在一年后离开了这家单位。

大学生在完成了学业以后，绝大部分会选择自己理想或较理想的职业与单位，从而进入社会。这对大学生来说，无疑是其人生的一大转折，也是一种典型的角色转换。而如何尽快顺利完成这一角色转换、实现良好的职业适应，是摆在大学毕业生面前的一个重要的现实问题。

我们每个初入职场的人或许都会有小李这样的经历。在职场中我们会遇到很多问题，

我们要做的不是逃避现实,而是直面问题,主动适应职场。

任务目标

1. 了解角色转换的相关内容。
2. 掌握职业适应的相关知识。

任务学习

从学生角色到职业角色的转换是每个大学生必须经历的过程,也是我们人生中最重要的一次转折,那么,大学生怎样实现靓丽的转身呢?

一、角色转换

"角色"本义是指演戏的人化装后扮演的戏剧中的人物。后来这一概念也运用到社会心理学中,社会也是一个大舞台,社会中的人也扮演着各种各样的角色。

社会生活中,人的社会任务或职业生涯随着自身所处的内外环境变化而变化,社会角色也随之变化。一个人从一种角色转换为另一种角色的过程称为角色转换。通常一个人会经常变换自己的角色,就如同舞台上的演员一样。人处在不同的社会地位,从事不同的职业,都有相应的个人行为模式,即扮演不同的社会角色,如下班回家,就要从职业角色变换为家庭成员的角色,这种经常性的由上级到下级、由领导到子女、由学生到老师等都是角色的转换。

角色冲突是普遍存在的。从事职业的变化、职务的升迁、家庭成员的增减,都会产生新旧角色的转换。新旧角色转换过程中必然伴随着新旧角色的冲突,不过可以通过角色协调使角色冲突尽可能地降至最低限度,协调新旧角色冲突的有效方法是角色学习,即通过观念培养和技能训练来提高角色扮演能力,使角色得以成功转换。

(一)学生角色与职业角色的转换

从学生角色向职业角色的转换是人生最重要的角色转换之一。根据社会心理学的角色理论,大学毕业生从学生角色到职业角色的转换,必然伴随着角色冲突、角色学习和角色协调等一系列过程。因此,大学生在开始自己的职业生涯之前,应该学习一些相关的知识,对自我、对社会、对即将从事的职业进行细致深入的了解和调查分析,找出自身的不足,提高心理承受能力和抗挫折能力,加强角色认知,做好上岗前的各项准备,以便顺利实现角色转换。

1. 学生角色向职业角色转换的三个阶段

（1）在校期间的实践是角色转换的基础。

在校期间的专业劳动和社会实践是学生接触社会、走向社会的第一步。通过专业劳动技能能够使学生充分认识专业特点，巩固专业思想，有利于学生更好地锻炼自己的专业技能，有利于学生对职业角色的认可。社会实践是学生运用自身专业特长，展示才能，服务社会的重要渠道，可以作为角色转换的准预备阶段。它有力地推动学生在毕业实习期间演习角色的转换，促进学生角色向职业角色转换。

（2）毕业前的角色转换。

目前，我国大学毕业生在每年的 7 月初离校，奔赴工作岗位，但是就业工作一般从毕业前一年就开始了，可以说，这一时期是毕业生转换角色的重要阶段，主要表现在：毕业前夕是择业的黄金时期，毕业生与用人单位接触的过程中，能够比较全面地了解用人单位的基本情况，切身体会到社会对自己的认可程度，并依据自身的感受调整职业期望值，实事求是地定位自己的职业，这是从学生角色向职业角色转换的第一步，这为大学生的职业角色确定了一个基调，对角色转换将产生深远的影响。

（3）见习期的角色转换。

一般来说，大学生工作的第一年为见习期，之后转为正式人员，有人形象地称之为"磨合期"。初到工作岗位，生活和工作环境与大学相比，都有很大差别，高校大多位于大中城市，学习和生活环境比较优越，空闲的时间比较多，生活节奏比较缓和，压力较小。而职业岗位不一定在城市，有的环境相当艰苦，由于工作繁忙，经常要加班加点，属于自己的时间很少，从大学学习环境向职业环境转变，往往加剧角色冲突。为此，大学生要加强见习期的角色学习，尽快适应新的环境，使角色转变顺利完成。

2. 职业角色的基本要求

刚参加工作的大学毕业生要在较短的时间内获得同事的认同和领导的肯定，应当从以下几个方面提高和锻炼自己：

（1）要善于展现自己的优良品格。

大学生因为具有新知识而受到同事的欢迎和青睐，但也会因此容易和一些同事产生一定的距离。大学生在同事面前一定要表现得谦虚、随和，在尊重老同事的同时，适度地展现自己，以谦虚诚恳的态度与同事探讨问题，真诚待人。大学生也可以利用业余娱乐的机会，在交流中让大家了解自己的为人和性格，表明自己的世界观、人生观和价值观，缩短与同事间的距离，成为大家的朋友。

（2）要树立工作的责任意识。

大学生对未来都有美好的愿望，都想在事业上有所作为，但大多数大学生在走上工作岗位时不会被委以重任，而是先从简单的辅助工作做起，这也符合人才成长的基本规律，但是，有不少人认为自己被大材小用了，对一些工作不愿意干，甚至闹情绪。其实，这是缺乏责任意识的表现，干任何一项工作，都要有足够的热情，要有丰富的经验和随机应变的能力。这种经验和能力的获得并非一朝一夕之功，而是要靠平时工作中的积累和训练，因此，不管工作大小，大学生都要以满腔的热情、高度的事业心和责任感来对待，圆满完成任务。

（3）要培养实事求是的工作作风。

大学生具有较强的自尊心和自立意识，在工作上想独当一面，取得成就。但有时工作难免出错，工作上出现错误并不可怕，可怕的是不能正确面对错误，实事求是地承认错误。工作中一旦出现错误，要认真分析原因，总结经验教训找准失误点。要敢于向领导和同事承认错误，勇于承担责任，以获得领导和同事的理解和支持。同时，要虚心学习、请教，吸取教训，防止类似的错误再次发生。

（4）要重视岗前培训。

岗前培训对于刚刚走上工作岗位的大学生的角色转换是非常重要和必要的。它不仅能让新员工了解单位的基本情况、熟悉规章制度和工作程序，更重要的是通过岗前培训可以树立新员工的集体主义观念，培养新员工的人际协调能力和奉献精神。从某种意义上讲，岗前培训可以直接反映出新员工的素质，因此用人单位都非常重视岗前培训，并依此择优录用，分配岗位。毕业生一定要认真把握好这样一次充实自己、表现自己和提升自己的良机。事实证明，很多毕业生就是因为在岗前培训期间显露才华、表现出色而被委以重任的。

（二）职业角色转换中容易出现的问题

大学生在从学生角色向职业角色转换的过程中，往往会面临着新旧角色的冲突。一些人由于受到社会因素、家庭因素尤其是自身认知能力、人格心理发展、意志品质以及情绪情感等因素影响，不能正确认识角色转换的实质，或在角色转换中不能持之以恒，致使在从学生角色到职业角色转换的过程中会出现以下几个方面的问题：

1. 对学生角色的依恋

经过多年的学生生涯，对学生的角色体验非常深刻。学生生活使每个学生在学习、生活和思维方式上都养成了一种相对固定的习惯，因此在职业生涯开始之时，许多人常常不自觉地把自己置身于学生角色之中，以学生角色的社会义务和社会规范来要求自己、对待工作，以学生角色的习惯方式来待人接物，来观察和分析事物。

2. 对职业角色的畏惧

一些大学生在刚走进新的工作环境时不知道工作该从何入手，如何应对，在工作中缩手缩脚，怕担责任，怕出事故，怕闹笑话，怕造成不好的影响，于是工作上就放不开手脚，前怕狼后怕虎，缺乏年轻人的朝气和锐气。

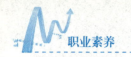

3. 思想上的自傲

有的大学生对人才的理解不够全面和准确，认为自己接受了比较系统正规的高等教育，拿到文凭，学到了知识，已经是高层次的人才了，因而往往看不起基层工作和基层工作人员，甚至认为自己做一些琐碎的不起眼的工作是大材小用，于是就轻视实践，眼高手低。

4. 作风上的浮躁

一些人在角色转换的过程中表现出不踏实的浮躁作风和不稳定的情绪情感，一会儿想干这项工作，一会儿又想干那项工作，不能深入工作内部去了解工作的性质、工作职责及工作技巧，有的大学生就职相当长时间还不能稳定情绪，不能去适应职业角色，反而认为单位有问题，没有适合自己的职位。其实，如果不能静下心来踏踏实实地学习和适应工作，不管什么样的工作职位都不会适合。

以上这些问题的存在，会严重影响大学毕业生顺利从学生角色转换为职业角色，每个刚参加工作的大学生都必须认真对待，加以克服。

二、职业适应

职业适应包括生理适应、心理适应、知识技能适应和岗位适应、环境适应、人际关系适应等几个方面。

（一）生理适应

生理适应包括对工作时间、劳动强度以及紧张程度、情绪调控等方面的适应。

步入职场，从学生角色转换成职业角色，原来的许多生活习惯都要适时改变。在学校的时候，喜欢睡懒觉，上课迟到或者请假，也许会得到老师的谅解；但是，在职场中，迟到、早退等无视工作纪律的问题，可能会带来非常严重的后果。所以，首先要调整生活规律，早睡早起，坚持锻炼身体，关注职业形象，遵守职业纪律和职业道德，在短时间内适应职场生活。

（二）心理适应

心理适应包括个人观念和意识的适应、角色适应、情感态度适应、意志适应和个性适应等方面。

1. 公正的自我评价

进入工作单位，熟悉工作环境之后，首先要对自己所从事的工作从整体上进行分析。先分析自己对工作的适应条件，然后对自己的能力进行正确评估，对未来进行职业目标规划。

这个阶段心理调适的重点在于：保持心态平和，切忌攀比和轻易跳槽。很多职场新人目光短浅、眼高手低，稍不满意就轻言放弃，受损失的不仅是用人单位，更是本人。因此在职场中要兢兢业业、踏踏实实地工作，善于抓住机遇，全面展示自己的才华。

2. 正确调整失落心态

人的失落心态总是在动机冲突难以解决的情况下才会出现。怀有失落心态的人，始终贯穿的就是现状和理想之间的剧烈冲突。这种无法控制外部世界的无力感与梦想的破灭感交织形成相互加强的效果，心理旋涡反复出现，消耗的心神能量超越限度，自然而然就会激发严重的失落感。产生这种失落心态与不正确的心理定位直接相关。解决的办法是要放下思想包袱。悲观的人，先被自己打败，然后才被生活打败；乐观的人，先战胜自己，然后才战胜生活。对自我有一个充分、全面、正确的了解，有利于对自我情结的有效控制和调整。例如，你如果能够客观地认识到自己性格的急躁，那么你就能因自我暗示或是有意识地控制而保持一颗平和的心，从而不容易再因别人跟不上自己的步调而生气了。工作后，你到了一个更大的环境中，这里高手如云，可能自己显得相对较弱，可能出现心理失落。其实只要经过自己的刻苦努力，情况是可以得到改变的，不要过分纠缠于结果，而要着手做应做的事。

3. 调节自己的认知方式

人对事物的不同认知会导致情绪的很大不同。情绪常常取决于人对事物的看法，换个角度心情会迥然不同。相同的半杯水在有的人眼中是"只剩下半杯，挨不了多久了"，而有的人看到的是"还有半杯呢，希望还在"。因此，在受到情绪困扰的时候，通过调节自己的认知方式来调节情绪，就是将自己从原有的思维方式中抽离出来，试着从另一个层面思考。不要总是执着于"我"如何如何，换一个角色看，从别人的角度看"我"。设想一下如果是你的朋友遇到现在的问题，你会怎么办，你是怎么安慰开导他的。或者可以自问：为什么别人可以有这样的失败记录，自己就不可以呢？当局者迷旁观者清。你需要不时地走出"此山"，看看"此山"的真面目。

认识是一个不断发展的过程。对于自我认知，要不停地重新审视是否合理，并适时做出调整。对于相同的刺激，不同的评价会带来不同的情绪反应。失落也许并不是因为事情真的非常糟糕，而仅仅是因为你认为它很糟糕，所以它就"无奈"地变得糟糕了。

4. 转移注意力

心理学研究表明，在发生情绪反应时，大脑皮层上会出现一个强烈的兴奋中心。这时如果另外找一些新的刺激，引起新的兴奋中心，就可以抵消或冲淡原来的兴奋中心。所以当你失落时最好采取行动，分散自己的注意力。

转移也是有技巧的，消极转移到抽烟、喝酒上只会让失落感加强，甚至自暴自弃。而

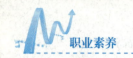

积极的转移则是将时间、精力从消极情绪中转到有利于个人未来发展的方向上来。体育运动就不失为一种积极的转移方法。体育运动既可以松弛紧张情绪，又可以消耗体力，使消沉者活跃、激愤者平静，达到平衡的目的。

失落往往伴随着挫败感，而挫败感是可以由成功后带来的自信抵消的。所以找出一个你认可的长处，不论大小，在失落的时候，就做自己擅长的事，从中得到成就感，并且告诉自己："你看，我不是也可以做得很好嘛！既然我可以做好这件事，那么当然也能做好其他的事。"

另外，也可以去为别人做事，施者比受者有福。这样不仅可以将烦恼忘记，而且可以从中体验到自己的存在价值，在别人的感谢和夸赞下坚定信心，还能收获友情。

5. 克服工作压力，尽快进入职业角色

大学生在校期间学到的知识和技能是很有限的，初入职场心理压力往往比较大，害怕在工作中出现错误。所以，消除初入职场时的心理压力是重中之重。

这一阶段心理调适的重点，首先要使自己适应工作节奏，为承担重要工作做好准备；其次是虚心学习，不断丰富自己的专业知识，提高专业技能，运用自身掌握的知识去解决问题，培养自己的独立见解，展示自己的潜能，使自己逐步具备独立开展工作的能力；最后，要尽快融入集体，建立良好的人际关系，更好地承担角色责任。总之，要努力为单位创造效益，做出贡献。

（三）知识技能适应和岗位适应

这是指对工作岗位所需的知识、技术和能力的适应，以及对劳动制度和岗位规范的适应等。

初入职场的大学生虽然有大学文凭，但可能实际工作什么都不会，因为学校教育比较注重理论知识，然而职场中更注重实践能力和经验。因此，大学生要进行再学习。再学习可以让你尽快掌握工作的知识和技能，正所谓"活到老学到老"。竞争在加剧，学习不但是一种心态，而且应该是一种生活方式。

人在职场，所有人都是老师。谁疏于学习，谁就难以提高，谁就不会创新，谁就会被社会淘汰。谁能够终身学习，谁就能使自己适应职业岗位不断变化的要求。学习不但增强了个人的竞争力，而且增强了单位的整体竞争力。

（四）环境适应

在管理学中有一个"蘑菇定律"：长在阴暗角落的蘑菇因为得不到阳光又没有肥料，常面临着自生自灭的状况，只有长到足够高、足够壮的时候，才被人们关注。蘑菇定律通常是指初学者被置于不受重视的部门或干打杂跑腿的工作，处于自生自灭（得不到必要的指导和提携）的过程中。这个定律是组织对待初出茅庐者的一种经常使用的管理方法，组

织对新进的人员都是一视同仁，从起薪到工作都不会有大的差别。无论你是多么优秀的人，在刚开始的时候，都只能从最简单的事情做起。很多职场新人心气高、目标远大，希望走上工作岗位就可以大展拳脚，对于上级交办的简单工作不屑一顾，眼高手低，最后连基础的工作都做不好。对于职场新人而言，只有树立端正的职业态度，正确进行职业定位，快速逾越这个阶段，才能早日摆脱"蘑菇定律"。

1. 踏踏实实做好每一项工作

职场新人对单位的整个工作环境及工作流程都比较陌生，可能连最基本的复印、传真都需要他人指导。在这种情况下，上级对待新人的通常做法是安排如打字、翻译、资料检索等最基本、最简单的工作，这通常是每一个初入职场的大学生接受的第一门功课。然而，许多职场新人对此心存抱怨，"领导根本不把重要的工作交给我，我简直就是个打杂的"。其实，看似简单的工作可以让职场新人了解工作的整体操作流程，同时也可以考验职场新人的品质，磨砺其工作态度。初入职场的大学生犹如一张白纸，在上面书写任何东西都是经验的积累，所以不要嫌工作琐碎，要有耐心，要学会在工作中积累。

2. 积极适应环境

毕业生在进入职场之前总会有很多的幻想，比如理想的行业、理想的职位、理想的收入等，直到真正进入职场之后才发现"理想很丰满，现实很骨感"。事实上，理想的工作环境是不存在的，现实的工作环境总有各种不如意。因此，职场新人要学会自我调节，认清自己的优、缺点，客观地看待职场生活，以愉快的心情适应工作环境，立足现实，求得自身发展。

很多大学生以为在学校里学得了"真理"，然后期望用这些"真理"去改造世界。可真正到了工作岗位才发现，在大学里学的书本知识很多在单位根本用不上，单位需要有足够的执行能力和应用能力，这些在大学里并不曾学过。还有的不适应艰苦、紧张的基层生活，不习惯单位的一些制度、做法，在心理上会产生很大的落差，对现有岗位感到失望，觉得处处不如意、事事不顺心。因此，大学生在踏上工作岗位后，及时根据现实环境调整自己的期望值和目标就变得十分重要，看问题不能理想化，对外部要求要切合实际，承受挫折的能力要强，要擅长自我调整，不断地充实和提高自己，这样获得的积累将是职业生涯中一笔宝贵财富。遇到挫折、困难不能失落与彷徨，要找时间与老员工、同事谈谈心，与朋友聊聊天，把"掉在地上的心"重新拾起来，"适者生存，能者成功"，所以我们要学会适应自己的工作岗位，做到适应别人，适应工作环境，遇到困难挫折冷静地思考、彻底地解决。

3. 等待机会，厚积薄发

机会永远只垂青有准备的人。对于职场新人而言，在这个信息爆炸的社会里，缺乏的不是机会，而是蓄势的远见与忍受平淡的耐力。职场竞赛，比的是耐力和信念，这是一场

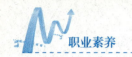

长跑，短暂的热情和速度都难以获得最终的胜利。因此，大学生在进入职场后，仍需要不断提高自己，提升信念，等待时机来临，脱颖而出。

（五）人际关系适应

职场的人际关系相比单纯的校园人际关系要复杂得多。职场新人应该把姿态放低一点，谦恭有礼，赢得好感，才有利于开创工作局面。要努力工作，适当表现自己，最大限度地争取上级和同事的认可。

1. 正确处理人际关系的重要原则

处理好人际关系的关键是要意识到他人的存在，理解他人的感受，既满足自己，又尊重别人。

（1）真诚原则。真诚是打开别人心灵的金钥匙，因为真诚的人使人产生安全感，减少心理防卫。越是好的人际关系越需要双方暴露一部分自我，也就是把自己真实的想法与人交流，当然，这样做也会有一定的风险，但是完全把自己包裹起来是无法获得别人的信任的。

（2）主动原则。对人友好，主动表达善意，能够使人产生受重视的感觉。主动的人往往令人产生好感。

（3）交互原则。人的善意和恶意都是相互的，一般情况下，真诚换来真诚，敌意招致敌意。因此，与人交往应从良好的动机出发。

（4）平等原则。良好的人际关系让人体验到自由、无拘无束的感觉。如果一方受到另一方的限制，或者一方需要看另一方的脸色行事，就无法建立起高质量的人际关系。

2. 如何正确处理人际关系

人际关系是职业生涯中一个非常重要的课题，特别是对大企业的职场人士来说，良好的人际关系是舒心工作、安心生活的必要条件。如今的大学生大多是独生子女，刚从学校里出来，自我意识较强，来到错综复杂的社会大环境里，更应在人际关系方面调整好自己的坐标。

（1）与上司的关系。第一，先尊重后磨合。任何一个上司，干到这个职位上，都有某些过人之处。他们丰富的工作经验和待人处世的方法，都是值得我们学习借鉴的，我们应该尊重他们的精彩和骄人的业绩。但每个上司都不是完美的，所以在工作中，唯上司之命是听并无必要，但也应记住，给上司提意见只是本职工作中的一小部分，尽量完善、改进、迈向新的台阶才是最终目的。要让上司心悦诚服地接纳你的观点，应在尊重的氛围里，有礼有节有分寸地磨合。不过，在提出意见前，一定要拿出详细的足以说服对方的理由。第二，主动请示汇报。上级最苦恼的事情之一就是不知道下级在干什么、干得如何。上级总是直接问下级，下级就会认为上级不信任他，上级也会担心给下级造成不必要的压力和误解；如果上级不问，下级也不主动汇报，上级也会担心下级没有认真执行到位，不知是否有需要上级帮助解决的问题。称职的下级会主动、及时地向上级汇报自己的工作，要知道，汇报是下级的义务，听不听是上级的选择，一定不要担心上级没时间听而不主动汇报，汇报时，要着重讲清楚两个方面：一是做了什么，有什么结果或成果，不必讲细节；二是还要打算做什么，怎么做，为什么这么做，也不要讲细节。既不要在汇报中夹带请示事项，也不要把汇报当成请功，领导心里自有一本账，而且不仅要报喜，也要报忧。

对于超越自己管理权限的事项，下级必须请示，不能先斩后奏、越权办理。请示时，最好给出至少两个可供上级选择的建议，而且必须有自己明确的主张，绝不能只把问题抛给上级，自己没有任何主见，要让上级做选择题，而不是做问答题。对于属于自己管理权限之内的事项，特别是日常的、例行的工作，只要依照权限主动去做就行了，只需及时向上级汇报结果即可。如此，上级会认为下级是一个有主见、有魄力、有执行力的人。如果出于对上级的"敬畏"而事事请示，上级就会对下级的工作能力产生疑问。

（2）与同事的关系。多理解慎支持。在共同的环境里上班，与同事相处得久了，彼此都有了一定的了解，作为同事，我们没有理由苛求对方为自己尽忠效力。在发生误解和争执的时候，一定要换个角度、站在对方的立场上为对方想想，理解对方的处境，千万别情绪化，把对方的隐私说出来，任何背后议论和指桑骂槐都会破坏自己的形象，并受到旁人的抵触。同时，对工作我们要有诚挚的热情，对同事则必须选择慎重地支持，支持意味着接纳他人的观点和思想，而一味地支持只能导致盲从，也会有拉帮结派的嫌疑。

（3）与朋友的关系。善交际勤联络。在现代竞争激烈的社会，铁饭碗不复存在，一个人很少在一个单位终其一生，所以多交一些朋友很有必要，所谓朋友多了路好走。因此，空闲的时候给朋友打个电话、发个电子邮件，哪怕只是片言只语，朋友也会心存感激，这比叫大伙撮一顿更有意义。

（4）与下属的关系。多帮助细聆听。在工作上，你和下属只有职位上的差异，人格上都是平等的。在员工及下属面前，我们只是一个领头带班的而已，没什么值得荣耀和得意之处。帮助下属，其实是帮助自己。因为员工们的积极性发挥得越好，工作就会完成得越出色，也能让你自己获得更多的尊重，树立良好的形象。聆听能体味到下属的心境和了解工作中的情况，为准确反馈信息、调整管理方式提供准确的依据。

（5）与竞争对手的关系。在我们的工作中，处处都有竞争对手。许多人对竞争者处处设防，更有甚者，还会在背后冷不防地"插上一刀""踩上一脚"。这种做法只会增加彼此间的隔阂，制造紧张气氛，对工作无疑是百害无益的。其实，在一个整体里，每个人的工

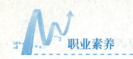

作都很重要,任何人都有可爱的闪光之处。当你超越对手时,没必要蔑视人家,别人也在寻求上进;当对手超越你时,你也不必存心添乱找堵,因为工作成绩是大家团结一致努力的结果,"一个都不能少"。无论对手如何使你难堪,千万别跟他较劲,先静下心干好手中的工作吧!

如何快速走出"蘑菇期"

心理学中有个"蘑菇定律",它是指初入世者常常会被置于阴暗的角落,不受重视或打杂跑腿,就像蘑菇培育一样还要被浇上大粪,接受各种无端的批评、指责、代人受过,得不到必要的指导和提携,处于自生自灭的过程中。蘑菇生长必须经历这样一个过程,而人的成长也肯定会经历这样一个过程,这就是"蘑菇期",或叫"萌发期"。

刚踏入社会的时候,无论你是多么优秀的人才,都只能从最简单的事情做起,都需要历"蘑菇期",这段经历对于成长中的年轻人来说犹如破茧成蝶,如果承受不起这些磨难就永远不会成为展翅的蝴蝶,所以如果平和地走过生命的这段"蘑菇期",就能够汲取经验,尽快成长起来,成为各行各业的佼佼者,当然,如果"蘑菇期"过长,就有可能成为众人眼中的无能者,自己也会最终无奈认同这个角色。因此,如何高效率地走过人生的这段"蘑菇期",为日后成功积累工作经验和人生阅历,是每个刚入社会的年轻人必须面对的课题。

1. 要摆正心态,放低姿态

心态的调整对于组织的初入者,尤其是那些象牙塔里走出来的大学生们很重要。现在有许多刚大学毕业的新人,放不下大学生或研究生身份,委屈地做些不愿做的小事情,如端茶倒水、跑腿送报,他们忍受不了做这种平凡或平庸的工作,从而态度消极想跳槽,这也就是现代年轻人所流露出的眼高手低的陋习。"不经历风雨怎么见彩虹,没有人能随随便便成功",想一口吃成大胖子更是不切实际。古人云:"吃得苦中苦,方为人上人""天将降大任于斯人也,必先苦其心志,劳其筋骨,饿其体肤"。吃苦受难并非坏事,特别是刚走向社会步入工作岗位的年轻人,放低姿态,初出茅庐就不要抱太多幻想,当上几天"蘑菇",可以让我们看问题更加实际,不仅能够消除很多不切实际的幻想,还能够对形形色色的人与事物有更深的了解,为今后的发展打下坚实的基础。

众所周知,在一些世界级大公司里,管理人员都要从基层小事做起,就连老板自己的儿子要接班也得从基层做起,主要是出于以下几点考虑:从基层干起,才能了解企业的生产经营和整体运作,日后工作中方能更得心应手;从基层干起有利于积累经验、诚信和人气,这是成功不可缺少的因素;从基层干起,可让员工经受艰苦的磨砺和考验,体验不同岗位乃至于人生奋斗的艰辛,更加懂得珍惜,企业也便于从中发现人才、培养人才、重视人才,所以对年轻人来说,不管接不接受,"蘑菇期"都是成长必经的一步。因此,职场新人应调整心态,放低姿态,老老实实做人,踏踏实实做事,这对于他们走出职业生涯的那段"蘑菇期"是最基本的要求。

2. 要适应环境,找准定位

从学生到职场新人,从较单纯的学校走向纷繁复杂的社会,最重要的是适应性问题。学生有学生的行为标准和思考模式,职场人有职场人的行为标准和思考模式,二者并不完全相同,因此,职场新人要沉下心来,学会独立思考,独立行事,学会承受和忍耐,少说多做,努力适应工作环境,适应社会。即使当你到了一个并不满意的公司,或者被分配在某个不理想的岗位,做着无聊的工作时,也要学会适应。这是因为,要想改变环境,前提便是先适应环境。

正如康佳公司所表示的那样,它喜欢志存高远,脚踏实地的人。他要有远大志向,对自己对企业有较高的要求;他也要能沉得下去,一步一步地提升自己。激情是不能磨灭的,但忍耐和等待比冲动和激情更重要。既有激情又能忍耐,说明这个人是成熟的,只有激情就容易冲动。

除了适应环境,职场新人要运用SWOT分析法进行职业定位,评估自己的长处、短处,明白外界面临的机会和威胁,把有限的精力投入那些能真正给你事业带来发展机会的工作中;同时,工作仅仅是完善自我的一部分,还要积极参加单位组织的各项文体活动,在那里展现自我,锻炼能力,尽快适应职场环境,得到同事、上司的认可,真正融入这个团队中。

3. 要争取养分,茁壮成长

在你被看成"蘑菇"时,一味强调自己是"灵芝"并没有用,利用环境尽快成长才是最重要的。职场新人要提高认识社会和认识自我的能力,认真地对待每一件小事,力争把每一件小事都做好,使自己不断学习、充电,这也是个人能力的一种递增。同时以乐观、自信、向上的心态去面对你的组织、上司和同事,得到同事、上司的认可,找到适合自己的职业规划,要有效地从"蘑菇期"中吸取经验教训,令心智等方面成熟起来。只有这样,你才能高效顺利地走出职业发展的"蘑菇期",当你真的从"蘑菇堆"里脱颖而出时,人们就会认可你的价值。

4. 要贵在坚持,等待机会

很多人在"蘑菇期"最容易产生的念头就是放弃。但是,真正的成功,属于坚持不懈的人。只有认准目标,不断坚持,在"蘑菇期"中积累一些可贵的经验和素质,才能为以后的"厚积薄发"做好铺垫。在没有成功时,往往会遭遇歧视、侮辱等不公平的对

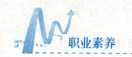

待，不要停留在对这些问题的纠缠上。明智的做法是，自强自立，不断增强自身实力，以实际行动来证实自己的价值。但如果说单靠辛勤工作、埋头苦干就能在职场上出人头地，那就有点无知了。一个聪明的人不仅要善于做事，还要"善于表现"，寻找机会让自己迅速脱颖而出。

总之，对于职场新人或没突破"蘑菇期"的年轻人来说，要想明白"蘑菇定律"的道理，首先需要的就是摆正心态，放低姿态；其次要磨去棱角，适应社会，把年轻人的傲气和知识分子的清高去掉，找准职业定位；再次从最简单最单调的事情中学习，努力做好每一件小事，多干活少抱怨，争取养分，茁壮成长，更快进入社会角色；最后不断坚持，等待机会，赢得前辈们的认同和信任，从而较早地结束"蘑菇期"，进入真正能发挥才干的领域。

（资料来源：https://www.sohu.com/a/243307266_100222601）

不要看企业"浑身是毛病"

小萌毕业后，来到一家中型企业工作，在同学中，算是工作较早的一个。刚来那几天，她充满着好奇，充满着骄傲。可是没几天，她就开始不喜欢这个企业了，觉得与自己理想中的企业相差太远，好多事情都与自己设想的不一样。说管理正规吧，自己看还有好多漏洞，说不正规吧，劳动纪律抓得又太严，自己觉得很不舒服。于是，她心态变坏，感到不愉快，常与一个同来的伙伴发牢骚，说：这个企业怎么浑身是毛病，干的真没意思。不知怎么这句话传到上司耳朵里，还没等到小萌对这个企业真正有所认识，就被炒了鱿鱼。开始小萌还满不在乎，觉得反正自己也没看好他们，走了也无所谓，可是，当她再次在求职大军中奔波了三个月，还没找到好于这样"浑身是毛病"的企业的时候，她才感到有些后悔，心想如果下次再有类似这个公司的企业接纳自己，一定接受教训，好好干。

来到一个新的单位，最重要的是心态要好，迅速适应企业、融入企业。很多新人在进入单位后，会被分配到一些不是很适合自己，自己不擅长的位置上，或者用学生的眼光看待企业，接受不了企业的规章制度，或者用书本上学到的管理知识来套企业现状，使自己心态变坏，没有耐心去了解企业和被企业了解。如果一上班就看到企业这里不好，那里不足，就看到上司太严厉、同事不热情，还忍耐不住说出来，那就惨了，那就会与企业和同事都格格不入，最终被上司纳入试用期不合格而被剥离出局。

思考：请帮小萌制订一份职场适应计划吧，帮助小萌快速适应职场。

任务二　学会管理自我

任务案例

彼得·德鲁克的自我管理方法论（节选）

一个善于自我管理的人，往往活出了自己想要的样子，也活出了别人眼中的期待！自我管理，可不仅仅是早睡早起、锻炼身体这么简单，而是对一系列核心问题的深度思考和实践。

1. 找到自己的长处

盖洛普科学家团队经过25年对超过200万人的数据统计和调查，提出了著名的"优势论"。这个优势理论，也就是你与生俱来的长处。盖洛普34项才干解析如图7-1所示。

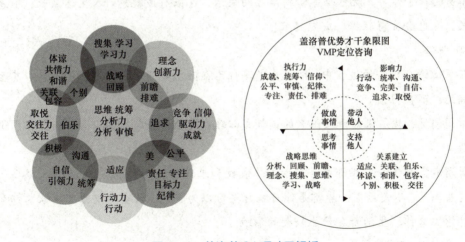

图7-1　盖洛普34项才干解析

我们经常会听到有人说："我没有优势"，其实不是没有优势。而是你不知道自己的优势在哪里。正如彼得·德鲁克所说：

"多数人都以为他们知道自己擅长什么。其实不然，更多的情况是，人们只知道自己不擅长什么——即便是在这一点上，人们也往往认识不清。"

为此，彼得·德鲁克将他实践了几十年的心得告诉我们，用"回馈分析法"寻找你的优势、长处。

（1）回馈分析法。

回馈分析法，简单来说，每当你要做出重要决定或采取重要行动时，都可以事先记录

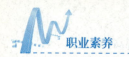

下你对重要决策和行动的预期，9~12个月后进行对比，来看一看预期和结果之间的差距。通过2~3年的对比分析，你将知道自己擅长做什么、不擅长做什么；同时你也会看到你做决策和重要行动时的模式。

可能你想说要2~3年这么久，其实对于人一辈子来说这算是非常短暂的，且试错成本是最小的。总比一二十年甚至一生都弄不明白自己能做些什么要好得多。

（2）注意事项

① 专注长处的学习与积累。

不是说通过回馈分析法知道自己擅长什么就结束了，这只是开始。知道了自己擅长什么，不见得已经在擅长的维度有很多积累了，所以核心需要注意的是"专注"，专注于自己所擅长的；同时，对于自己的长处进行积累，也就是通过持续的学习来弥补在长处上所缺乏的技能，以让你的长处达到常人所不能及，从而具备绝对的竞争力。

在学习过程中，切记不能操之过急，想一口吃个胖子。太过着急，很容易走捷径，甚至是走极端。学习任何知识、技能，都需要有循序渐进的过程，不可能一蹴而就。先从简单、容易的入手学习，既可以体验到学习的快乐，也很有成就感。人生这么长，不急于一时得失，人也会变得轻松、成熟起来！

② 纠偏。

在用回馈分析法的过程中，很容易发现自己在做决策中的一些习惯性思维，甚至是自己的偏见、不良习惯。

所谓偏见，就是根源于认识者的偏颇式心理，萌动的臆断情由，携带着主观意识情感看问题。

所谓不良习惯，是指那些会影响工作成效和工作表现的事情。

这些偏见、不良习惯一般都是你日积月累习以为常的，很多时候你可能根本都意识不到。对你的工作、生活都会产生较大的影响。

2. 你的价值观是什么？

很多人一提到价值观，都会上升到道德层次。其实，不是一回事。当我们在一个公司或组织中担任角色的时候，道德只是组织价值观的一部分。

比如对于一家公司来说，一种价值观是规模效应，一种价值观是用户至上。这看着是不同的经营模式，其实是公司价值观的差异。

当我们个人的价值观和公司的价值观不一致的时候，就会受到巨大的冲击。比如，你的价值观是想做一件极致的产品，而公司的价值观是廉价争夺市场，在这样的公司中你会生存得很难受，最终有可能被迫离开。

为了在组织中取得成效，个人的价值观必须与这个组织的价值观相容。两者的价值观不一定要相同，但是必须相近到足以共存。不然，这个人在组织中不仅会感到沮丧，而且做不出成绩。

你需要思考,你是一位长期主义者,还是一位短期主义者?如果你是一位长期主义者,工作却在一个只认短期利益的公司,是一个非常不明智的决定。同样,如果你想短期内挣到很多钱,而所在的公司是一家看重产品和客户的公司,短期内很难有收益,你也会觉得自己格格不入。

3. 你的志向是什么?

王阳明在5岁的时候,就说出了自己的志向是成为圣人;周恩来的志向是为中华之崛起而读书;袁隆平的志向就是水稻种植。每一个人都是带着使命来到这个世界上,只是有些人更早些知道自己的使命是什么,而有些人晚一点知道而已。

当你知道了上面所说的自己的长处是什么,也知道了自己的价值观之后,这个时候大概率你将找到自己的志向所在。

知道了自己的志向所在,你就知道需要放弃什么,需要如何和环境、组织进行匹配,将自己放在合适的位置上,找到和人相处的方法。你也可以大胆地接纳或创造一个事业,尽情地发挥自己的特点,事业做得顺风顺水,人也活得自然通透!

人生有了志向,就不再会随波逐流,你将变成一个出类拔萃的人!

4. 用作品说话

说了再多的道理,还是需要拉出来练练,作品就是最好的试金石。

说到做到,才是自我管理的大闭环。

(资料来源:https://baijiahao.baidu.com/s?id=1727446748373572520&wfr=spider&for=pc)

任务启示

德鲁克在《21世纪的管理挑战》一书中,明确提出了"自我管理"的概念,并强调了其与传统人力资源管理的本质区别,即由"管别人"转向"管自己"。2023年我国普通高等学校的大学毕业生达到1 158万人,大学生已经成为社会生产发展的生力军,这批生力军的素质直接影响着经济和社会的发展水平。但目前的在校大学生中普遍存在着学习动力不足、旷课等许多不良的倾向,大学生的素质下降。造成这些现象的原因有很多,但就大学生这个特殊群体而言,自我管理能力差是主要原因。因此,大学生提高自我管理能力意义重大。

任务目标

1. 掌握自我管理的原则、内容。
2. 学会进行自我管理。

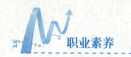

一、何谓自我管理

（一）正确认识自我管理

自我管理是指人通过自我认知，调整和修养自己的心理，并使自己的外部行为与社会环境相适应，是个体对自己本身，对自己的目标、思想、心理和行为等表现进行的管理。自己把自己组织起来，自己管理自己，自己约束自己，自己激励自己。自我管理是个人对自我生命运动和实践的一种自发或主动调节，也是个人对自身价值的追求，建立明确的目标并坚持执行是走向成功的基础，有成效的成功者都是善于发现自我优势，善于利用自己的优势做事，坚持自己的价值观、注重奉献并且善于利用时间的人。古人"修身、齐家、治国、平天下"的主张，实质上指出了自我管理在社会管理中的基础地位，即欲对外部、对社会行管理（齐家、治国、平天下），就必须先自我管理（修身），大学生不仅承担着修身、齐家的责任，而且承担着治国和平天下的重担。因此，大学生加强自我管理意义重大。

（二）大学生的自我管理

大学生的自我管理，从广义的角度来理解，是指大学生为了实现高等教育的培养目标及为满足社会发展对个人素质的要求，充分调动自身的主观能动性，卓有成效地利用整合自我资源（包括价值观、时间、心理、身体、行为和信息等），而开展的自我认识、自我计划、自我组织、自我控制和自我监督的一系列自我学习、自我计划、自我发展的活动。从狭义的角度来看，自我管理、自我学习、自我教育、自我发展呈金字塔排列，自我管理在塔的底部，它是开展其他活动的基础，其他活动都建立在有效的自我管理的基础之上。大学生自我管理的实质就是要根据内在和外在的条件进行自我管理和约束，达到社会和个人预期的目标。

但从目前的状况来看，大学生的自我管理不容乐观，具体表现在大学生的生活、学习和职业生涯的规划等方面。部分大学生的生活观过多地物欲化，在学习中缺乏根本动力和目的，没有认真地规划自己的职业生涯，甚至根本不知道自己将要从事或喜欢从事什么样的职业等；有的大学生甚至走到反社会和反人民群众的道路上去，如校园暴力事件、偷盗事件、沉迷网络或色情等。

二、自我管理的内涵

自我管理的内涵可以从以下几个方面来理解：

(一)自我监督

个人对自己进行检查、督促。包括：

（1）自知。正确评估自己，不卑不亢。

（2）自尊。不自轻自贱，要有民族自尊心和个人自尊心，不出卖灵魂与肉体。

（3）自勉。见贤思齐，不断用高标准来勉励自己，脱离低级趣味，做有益于人民的人。

（4）自警。自我暗示、提醒，克服不良的心理及行为。

(二)自我批评

自己批评自己的短处，辩证地否定。包括：

（1）自省。即自我反省，使个人的思想品德变得日益完善。

（2）自责。对自己的不足进行检讨，勇于承担责任，接受群众监督。

(三)自我控制

实行自我约束，理智地待人接物，防止感情用事，抵制和克服一切外来的不良影响。包括：

（1）反躬自问。反思自己的行为，产生人际矛盾，首先从自己身上找原因。

（2）自我控制。即控制自己的情绪、欲望、言行，客观地对待批评，力求更好地把握自己。

(四)自我调节

通过自我疏导，使自己从矛盾、苦恼、冲突、自卑中解脱出来。包括：

（1）自解。自我疏导，不自寻烦恼，不折磨自己、惩罚自己。

（2）自慰。宽慰自己，知足常乐，淡泊名利，承认差距。降低欲望，欲望越大，幸福感越低。

（3）自遣。自我消遣，分散或转移注意力，如美食、郊游、看书、书法、绘画等。

（4）自退。设身处地地退一步想问题，退一步海阔天空，降低目标，转换方向，另辟新路。

(五)自我组织

在新环境中，重新振作，重新审视和组织自己的心理和行为。包括：

（1）内化顺从。勇于接受别人的不同意见。

（2）同化吸收。把别人的意见与自己的意见融汇在一起，吸收他人的长处，丰富自己。

（3）自我更新。从更高更新的角度来认识问题、分析问题，不断提高自己的能力。

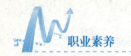

三、提高自我管理能力的原则

（一）目标原则

每个人都有愿望或梦想，也会有工作上的目标，但经过深思熟虑制定自己规划的人并不多。生涯规划的实现，需要强有力的自我管理能力。有目标的人和没有目标的人是不一样的。在精神面貌、拼搏精神、承受能力、个人心态、人际关系、生活态度上均有明显的差别。大学生应及早确定生涯目标并坚定不移地为之奋斗，这样才不会后悔。

（二）效率原则

浪费时间就等于浪费生命，这道理谁都懂，但是，我们每天至少有1/3的时间做无效工作，在慢慢地浪费自己的时间和生命。所以，要分析、记录自己的时间，并本着提高效率的原则，合理安排自己的时间，在实践中尽可能地按计划贯彻执行。坚持下来，你会发现，你的时间充裕了，你的效率提高了，你的自信增强了。

（三）成果原则

自我管理也要坚持成果优先的原则。做任何工作，都要先考虑这项工作会产生什么效果，对目标的实现有什么效用。这是安排大学生自我管理工作顺序的一个重要原则。

（四）优势原则

充分利用自己的长处、优势积极开展工作，从而达到事半功倍的效果。这是自我管理的一个非常重要的原则。人无完人，你不可能消灭自己全部的缺点，只剩下优点。

（五）要事原则

做工作要分清轻重缓急，重要的事情先做。在ABC法则[2]中，我们把A类重要的工作放在首先要完成的位置。在自我管理中，A类重要的工作就是与实现生涯规划密切相关的工作，要优先安排，下大力气努力做好。

（六）决策原则

（1）决策要果断。优柔寡断是自我管理的大忌，想好了就要迅速定下来。
（2）贯彻要坚决。不管遇到多大阻力，都要坚定不移地贯彻到底。
（3）落实要迅速。定下来就要迅速执行，抓住时机，努力工作。

（七）检验原则

实践是检验真理的唯一标准，自我管理的目标正确与否，需要实践来检验。要坚持"以

---

[2] ABC法则：A类为非常重要必须做的事情；B类为较为重要的事情；C类为不太重要的事情。

人为镜"，及时搜集、征求同事们的意见和建议，检查自我管理的实际效果。

（八）反思原则

自我管理也要定期进行反思。检查自己的目标执行情况，分析自我管理中存在的问题，制定、调整和修正方案，从实际出发，保证自我管理健康地向前发展。

四、提高自我管理能力的内容

（一）正确的自我定位

正确的自我定位，就是要明确自己的价值观，即要明确什么对自己更重要。价值观只要符合人类的基本道德规范和法律要求，并没有好与坏、对与错之分。

（二）目标管理

目标决定成功。拿破仑曾说："凡事都要有统一和决断，因此成功不站在自信的一方，而站在有计划的一方。"大学生要将自己的职业目标与人生目标有机地结合起来，并在个人发展（健康与能力）、事业经济（理财与事业）、兴趣爱好（休闲与心灵）、和谐关系（家庭与人脉）四个方面实现协调与平衡，体察生命的真义，活出精彩的自己，发现自己的才能，追求自己的目标。

（三）时间管理

人生管理实质上就是时间管理（见图7-2），时间的稀缺性体现了生命的有限性。卓有成效的职业人要最终表现在时间管理上，表现在能否科学地分析时间、利用时间、管理时间、节约时间上。

进而在有限的时间里，创造自身职业价值的最大化，彼得·德鲁克说过："卓有成效的人懂得要使用好他的时间，他必须首先知道自己的时间实际上是怎样花掉的。"因此，做好时间管理的前提是对自己的时间进行科学的分析。

图7-2 时间管理

提高工作效率小技巧

提高工作效率有一个小技巧：每天早上用 15 分钟做一个待办单，把必须做的重要事情列出来，进行时间安排，并保证做完。其中，要保留 30%的机动时间用来处理各种突发性的事件。每天过后拿待办单来对照一下，看是不是按原来的计划把事情做完。你也来尝试一下，看看这种方法是否奏效。

（四）计划管理

计划管理顾名思义，就是对所做的计划进行整理，让我们的工作更有重点，分得清轻重缓急。而科学有效的个人计划管理，不仅可以帮助我们制订合理的目标计划并执行到位，更能明确告诉我们应该运用哪些资源来帮助自己实现目标，使自己的工作生活处在自己的掌控之中。

第一步：设定合理清晰的目标。

拥有合理清晰的目标是计划的起点，有了目标行动才有了方向，否则就很容易出现做无用功的情况。为了确保目标尽可能清晰明确，我们在制定目标时，目标要遵循 SMART 原则，不要定下大而空泛且特别难实现的目标。

第二步：拆解目标，详细计划。

要确保目标的实现，我们还需要对目标进行细化拆解，特别是周期长、难度略大的目标，这也是计划的核心和达成目标的关键。目标拆解得越详细、越有针对性，在制订计划时就考虑得越全面，目标达成的可能性越大，准备也会越充分。

第三步：厘清计划的逻辑与重点。

制订好计划后，我们还需要明确计划中各个节点的先后顺序，厘清各项子计划之间的逻辑，突出重点和关键，这样才能确保计划执行顺利、有序与高效，避免重复工作和无效行为。

（五）情绪管理

1. 自我暗示

自我暗示分消极自我暗示与积极自我暗示，心理学实验表明，当一个人默念"气死我了"等语句时，心跳会加速，出现发怒的反应；反之，如果默念"真让人开心"之类的语句，那么他便会产生愉悦的心情。在情绪管理中，我们要多利用积极自我暗示解决情绪问题。

2. 转移注意力

这是一种把注意力从此刻不愉快的事情转移到其他事物上去的自我调节方法。如听愉快的音乐、外出跑步、看喜剧电影等。

3. 适度宣泄

适度宣泄对缓解个人情绪是有好处的，但要注意应采取适当的方式，以免造成不良后果。如在空旷无人的地方大吼、向值得信赖的人倾诉等。

（六）压力管理

1. 冥想放松法

找一处安静的环境，选择一个舒适的姿势，调节呼吸，将注意力全部集中在自己的身心上，忘掉外界的一切烦恼与不快。

2. 重新规划

许多时候压力的形成是由于时间紧任务重，这时候需要人们停下脚步跳出当前烦乱的状态，将事情捋一捋，重新规划行动方案，然后采取高效的方式完成工作。

3. 与人交往

当压力过大时，不建议长时间一个人独处，可以主动找亲朋好友交流、谈心。这一方面，具有缓和压力的作用；另一方面，有助于交流思想，找到困难的破解之道。

五、提高自我管理能力的方法

大学生要想在学习、工作中有更多的自主权，首先要能自我管理。

（一）为自己树立愿景和目标

要树立一个正确的人生目标，首先要对"自我"的认知来一番自我超越。斯蒂文怀斯说："目标朝里看就变成了责任；目标朝外看就变成了抱负；目标朝上看就变成了信仰。"当我们考虑树立目标的问题时一定要问自己一系列问题。

"我是谁？""我的长处在哪里？""我的价值观是什么？""我能贡献什么""我应该贡献什么，才能达到想达到的目的。""我为自己树立的目标会把我带向哪里？"

（二）赋予工作意义

正如俾斯麦所说："工作是生活的第一要义。不工作，生命就会变得空虚，就会变得毫无意义，也不会有乐趣，没有人游手好闲却能感受到真正的快乐，对于刚刚跨入生活门槛的年轻人来说，我的建议只是三个词：工作，工作，工作！"工作让休息变得快乐，只有在辛勤的工作之后，休息才显得那么甜美惬意，工作带给我们成就感和快乐；工作帮助我们在社会中成长，工作让我们知道挣钱的艰难；通过在工作中处理各种关系和问题，可以帮助我们塑造自己的品格，完善自己的个性；工作中的进取心和生活的热情还使我们自我完善、自我提高、自我约束和自我拯救。

你知道工作的意义和价值吗？

1. 选出正确的答案，并在括号内画"√"

（1）赚取金钱以应付日常开支。（　　）

（2）获得满足感及成就感。（　　）

（3）为了在工作时间中与同事玩耍。（　　）

（4）发挥自己的潜能及所学。（　　）

（5）只是为了消磨多余的时间。（　　）

（6）服务社会，为社会做出一份贡献。（　　）

（7）得到别人对自己努力的认同。（　　）

（8）为了多一点自由的时间。（　　）

2. 想一想：写出工作意义中你认为最重要的两项

（三）自我激励

自我激励是指个体不需要外界奖励和惩罚作为激励手段，能为设定的目标自我努力工作的一种心理特征。德国专家斯普林格在其所著的《激励的神话》一书中写道："强烈的自我激励是成功的先决条件。"人的一切行为都是受激励产生的，通过不断地自我激励，就会使你有一股内在的动力，朝所期望的目标前进，最终达到成功的顶峰——自我激励是一个人迈向成功的引擎。

（四）走出"以自我为中心"的小圈子

自我管理的第四个问题是"以自我为中心"的思维模式，提高自身合作共事的能力，每个人都是独特的个体，个体之间从个性、愿景、价值观到心智模式都会有差异，这种差异处得好，会促进企业团队的创造力；处理不好就会导致人际冲突，不但影响工作效率，同时也会影响团队的心理环境，无论是企业人或自由工作者都应走出"以自我为中心"的小圈子，与他人合作共事。

（五）以高标准挑战自我

自我管理的第五个问题是挑战自我，19世纪意大利著名作曲家朱森伯·威尔第在80岁时完成了其伟大的著作《福斯塔夫》，当人们问他你这么大年纪还要从事歌剧创作这样艰巨的工作，你自己是否要求太高了的时候，他说："我的一生就是作为音乐家而为完美奋斗，而完美总是躲着我，我当然有义务去追求完美。"无数成功人都有一个共同的特点：

敬业，他们不愿应付工作，常以"我要做得更好"来要求自己。

（六）自我学习

自我管理的第六个问题是自我学习，善于挑战自我的人一般都有良好的自学习惯，人生中纯学生时代的学习时间是较短的，主要是结合实践学习。在工作过程中要善于向自己的上司学习，向周围的同事学习，向自己的下属学习。我们要永远保持求知的欲望，养成爱学习的习惯。

（七）以理导欲

自我管理的第七个问题是自我约束和自我控制。这个问题实则是人格的自我修炼问题。叔本华说："人是什么"是影响人生幸福的头等重要因素。"人是什么"实际就是一个人具有什么样的人格，或者说你要成为一个具有什么样的人格的人。影响人的幸福最持久不变的因素不是财富而是人的品格，人的品格的特质很大程度上体现在对欲望的自我疏导、自我约束和自我控制的有效程度上，"欲不能无，纵欲成灾。"我们一定要坚守好自己的人格防线，不能跟着"欲望"走，不能做欲望的奴隶。我们一定要抱着"不以善小而不为，不以恶小而为之"的准则，从点滴做起，用行动锻造自己良好的品格。种下行为，收获习惯；种下习惯，收获品格；种下品格，收获命运。你的品格决定你是什么，也决定你的人生是否幸福。

俞敏洪：自我管理的十个自问与六个措施

关于自我管理，我比较推崇职业经理人中少见的管理大师——英特尔创始人安迪·格鲁夫。因为在斯坦福大学听过他的课，所以对他印象很深。他有一条名言也是对经理人的忠告："无论你从事哪一行，你都不只是别人的员工，你还是自己的职业生涯的员工。"对于这一点，我的理解是：人在职场上，不分职业和职位，你既是自己职业生涯的员工，也是自己职业生涯的老板。每个人都不是在为别人打工，而是在为自己打工。所以，你必须对自己的人生负责，你首先要做好自己的 CEO。通俗地说，自我管理既是时间管理也是要事管理，同时还是自我领导的个人愿景和积极心态管理。其中，最重要的是自己要弄清楚哪些属于自我处理（时间管理），哪些属于自我管理（要事管理），哪些属于自我领导（个人愿景和积极心态）。

十个自问

千里之行，始于足下。自我管理同样也需要做好每一天。人要走出常规，放松心情，

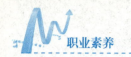

以积极的心态开始每一天,那就很有必要以自问的方式开始一天,以下十个自问会给自我管理带来力量和好心情:

1. 我拥有什么?

通常我们会为自己没有的东西而苦恼,却看不到自己拥有的,如健康、可以听、可以看、可以爱与被爱、每天都有食物供我们享用等。正如那句口口相传的话所说的:"失去了才知道珍贵。"让我们走出哀怨,这样就可以看到什么是我们拥有的。

2. 我应该为什么感到自豪?

为自己已经取得的成绩而自豪。成绩不分大小,每一次成功都意味着向前迈出了一步。每个人都有自己值得自豪的东西,你甚至可以为自己刚刚战胜的一个挑战感到骄傲,可以为帮助了一个陌生人而感到幸福,可以为帮助了一个朋友露出微笑,也可以为结识了新朋友或读了一本新书而感到高兴。

3. 我应对什么心存感激?

每天都有很多事情让我们为之心存感激,同时也有很多人值得我们感谢,因为他们在无形中教会了我们一些事情。生活的每一天对于我们来说都是一份珍贵的礼物。

4. 我怎样才能充满活力?

每天都要计划好做一些积极的事情,让自己充满活力。例如,可以给那些一直以来你都很欣赏,却很久未联系的人打电话,对工作伙伴说一些鼓励的话,保持微笑,或者留出时间和孩子玩耍等。

5. 我今天能解决什么问题?

设法把那些原本想留到明天才解决的问题今天就解决掉,尽量在当天完成手边的工作,要敢于面对那些棘手的问题,并换一种角度看待它们。

6. 我能抛下过去的包袱吗?

"过去的包袱"就是指那些长年累积起来的伤心的经历和怨气。背着这些沉重的生活包袱有什么用呢?建议你对过去做一个总结,把值得借鉴的经验保存起来,然后永远地卸下重负。

7. 我怎么换个角度看待问题?

人往往都是别人的建议者,却不是自己的。很多时候,根本问题就是我们看待事物的方式。很多人都经历过为一件事苦恼不堪,过后又觉得可笑的时候。悲和喜只是我们看问题的角度不同而已。

8. 我怎样过好今天?

做些与往常不一样的事情。如果我们走出常规,学会享受生活,那么生活就是丰富多彩的。我们要敢于创造和创新。

9. 今天我要拥抱谁？

拥抱是我们的精神食粮。曾经有一位心理学家说过，要想健康，每天要至少拥抱 8 次。身体接触是人最为基本的需求，它甚至可以帮助我们开发大脑。

10. 我现在就开始行动？

不要认为这些都是"听起来不错"的建议，也不要认为生活很难是这样的。其实，每天的生活都不是你想象中的那样。是让生活过得索然无味，还是积极向上，决定权就在自己的手中。努力幸福地生活，你又会失去什么呢？

六个措施

作为一个优秀的管理者，首先必须要有效地管理好自己。对于长远自我管理，主要有六条管理措施：

1. 设定长远目标

如在新东方之外，我们设立了三个长期目标。一是创办一所"两三千人、永远不扩招"的私立大学；二是设立一所文化研究院；三是"在全世界进行深度旅行，并且能够写出深度的游记来"。

2. 确立阶段性目标

一个人要产生成功感，应该设立阶段性目标。比如说，我今天要把这篇课文背出来，到睡觉之前我背下来了就是阶段性的小成功和小成就。把这些小的成功加起来可能最后就是一个大成功。

3. 以"看见最后成果"来自我激励

特别是身在企业高处的管理者，谁来激励？答案是：通过"看见最后成果"来自己激励自己。

4. 每周总结，给自己打星

我会每周写一次日记，回顾七天的经历，并根据收获大小给自己打星。以下情况会得到比较多的星："在家里读了一本书，这一天没有任何其他的干扰；或者说写了一两篇我认为比较出色的文章；或者说通过跟对方聊天确实学到了很多东西。"

5. 保持学习心态

我不把跟新东方相关的工作列入打星的考虑，因为这些工作做得再好，也只是能力的重复，而不是提高。不过有一个例外，就是在哈佛商学院参与讨论新东方案例，我算作是因为新东方的工作带来的机会。"我从他们的行为方式、表达方式和教授的讲解方式中学到了很多东西，这个对我来说是全新的……尽管那一天我连觉都没睡好，但是我依然要给它打五星。"

6. 经常放松自己

"我有的时候确实就是会突然跑出去爬山、看云，晚上有的时候——我对中国的阴历

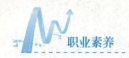

非常熟悉——每到月亮升起,有时候我真会去坐在月亮底下,就这么看着月亮没事干。"

(资料来源:https://www.diyifanwen.com/lizhi/lizhiyanjianggao/546827.htm)

这是我要的生活吗?——马琳的价值困惑

马琳是会计师事务所的部门经理。最近,一个无奈而郁闷的问题一直困扰着她:我目前的工作和生活确实是自己想要的吗?马琳每天早上6点半被刺耳的闹钟叫醒,不到10分钟梳洗完毕,花5分钟下楼,在楼下吃点早点,就急急忙忙地赶往车站。她居住的地方离上班的公司有1个半小时的路程,即使她天天祈祷着道路顺畅,但也时不时的因为无奈的塞车而迟到。一座高档写字楼里一个10平方米的房间,是她的办公室:1台电脑、1部响个不停的电话,一堆没完没了的财务报表、10个枯燥乏味的阿拉伯数字,就是她工作的全部。有时,主管将她叫到办公室,劈头盖脸一顿责骂;有时,因为一个客户或一个项目与同事互起猜忌,彼此一连几天都闷闷不乐;下属已经按时下班,而她不得不因为一个报告的修改或一组数据的调整加班加点。当白天热闹的道路渐渐归于静谧时,走在迷离的灯影之中,望着来来往往亲昵的情侣,马琳突然想到自己30岁的生日就要到了。可是,自己真正的家在哪里?自己要相伴一生的人在哪里?或许在别人的眼里,她是一个能干出色的高级白领,有着一份体面的工作和不菲的收入,可是有谁会知道她心中的孤独与寂寞呢?回到空荡荡的那套租来的一居室里,马琳看着镜中自己那张已稍显松弛的脸庞,一阵说不出的恐惧、迷茫与惆怅向她袭来。

思考:马琳为什么会出现价值困惑?

如果有一份新的工作在等着你,但其先决条件是你得从现在居住的北京搬到广州去,你该怎么办?这可能会带给你很大的不便,可是这份新工作的待遇比你现在的高,又更有发展,请问你怎么决定?相信你最后考量的决定因素,一定是看什么对你最重要,到底是要追求安定,还是成长?是追求生活的方便,还是要求一份不错的报酬?是以工作为重,还是以配偶和孩子为重?

项目八 提升抗压能力

压力这个词，相信没有人会感到陌生。我们每个人在不同的生命阶段，都需要面对不同的压力：学生时代的压力主要来自学习和考试；长大之后则需要面对职业发展的压力……

可以说，每个人似乎都活在重压之下。时间久了，就可能出现一系列身心问题，比如总感觉很疲劳，睡眠不好，甚至是焦虑症、抑郁症等。

正因如此，提升抗压能力就成了一件非常重要的事情。一个人应对和管理压力的能力，不仅关系着其每天的生活质量，也决定了其整个人生的底色。

任务一 学会正确表达情绪

 任务案例

"踢猫效应"（见图 8-1）是指人的不满情绪和糟糕心情，一般会沿着等级和强弱不同的社会关系组成的链条依次传递。由金字塔尖一直扩散到最底层，无处发泄的最弱小的那一个元素，则成为最终的受害者。

图 8-1 踢猫效应

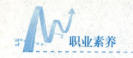

为了更好地理解"踢猫效应",下面来看一则案例:

某公司董事长为了提高员工效率,针对上班迟到问题制订了一套严格的规定:以后谁迟到,就扣谁的奖金,并表示自己将以身作则,带头执行。可是偏偏在这一规定生效的第一天,董事长本人因为上班途中闯红灯被扣,不仅被开了罚单,而且自己"首先"迟到了!

到达公司后,董事长一肚子无名之火,就将一名销售主管叫来训斥了一顿。销售主管被骂得一头雾水,带着一肚子火刚回到自己的部门,正好秘书来请示问题,主管又把秘书当出气筒臭骂一顿。秘书不知道为什么挨了一顿骂,下班后,把恶劣情绪带回家。这时,她的儿子像往常一样扑进怀里撒娇,她把儿子往旁边一推,厉声责骂起儿子来。儿子莫名其妙,受了委屈,心里很窝火,正好这时小猫在旁边撒娇,儿子便狠狠踢了小猫一脚。可怜的小猫只好乖乖地躲到了床底下。

这则案例就是"踢猫效应"的典型体现。有许多外在的消极因素会影响到人们工作时的情绪,很多人不能及时调整这种消极因素带给自己的负面影响,自然会产生诸如"踢猫效应"之类的反应。

当下,生活的节奏越来越快,人们在享受现代生活诸多便利的同时,也面临着巨大的压力。不少人的神经常常处于紧张状态,好像一张满弦的弓,稍有不慎就会绷断。在如此高压下,很多心理承受能力不强的人,遇到一点不顺心的小事都会将其无端地放大,使情绪一落千丈,怒火喷射而出。如果此时周围的人也处于这种状态,那么,糟糕的情绪便会像瘟疫一样在人群中传递和蔓延。稍不留意还会波及自己的家人,使他们成为"踢猫效应"链条末端无辜的受害者。

"踢猫效应"告诉我们,在现实生活里,许多人在受到批评之后,首先不是冷静下来想想自己为什么会受批评,而是心里面很不舒服,总想找人发泄心中的怨气,后果当然是去"踢猫"了。其实这是一种没有接受批评、没有正确地认识自己错误的一种表现。每个人在受到批评后心情不好都可以理解,但批评之后产生了"踢猫效应",这不仅于事无补,甚至会引发更大的矛盾。

能够认识并管理自己的情绪。

你现在的心情如何?是欢乐、幸福、烦恼、生气、担心、害怕、难过、失望或者是平静呢？还是你根本不了解自己的心情？一早起来，也许你会因为看到阳光普照而心情愉快，也可能因为细雨绵绵而心情低落；也许你因为逃课没被点到名字而高兴，然而考试周的到来又让你担心；谈恋爱的你，心花怒放，失恋的你却又垂头丧气……我们拥有许多不同的情绪（见图8-2），而它们似乎也为我们的生活增添了许多色彩。然而，有情绪到底好不好呢？一个成功的人应不应该流露情绪？其实真正的问题并不是情绪本身，而是情绪的表达方式。因此，什么时候我们能够以适当的方式在适当的情境下表达适度的情绪，便证明我们理解健康的情绪管理之道了。

图8-2 情绪

一、量力而行，不过分苛求自己

不能做到最好，但完全可以放松心态做得很好；不能拥有伟大，完全可以静守平凡，用平和的心态充实而有意义地过好每一天。

在现实生活中，像"踢猫效应"中那位董事长的人很多，他们过分地苛求自己努力做到最好，在每一件小事上苛求完美。他们甚至不敢公开表达自己的消极情绪，长期的压力和压抑会让他们产生极为消极的心理反应，同时这种不良情绪又会影响或蔓延给其他人。

我们可以试想这样一个场景，有位老板说："你当前的工作业绩不错，但是我希望你每月完成四件任务，而不是现在的三件。"不苛求的人想到的是自己的三件工作任务都完成得不错，努力得到认可；而苛求的人看到的则是那未完成的第四件任务。所以这样的心态必然导致两种不同的结果：一种是积极活跃，而另一种则是悲观沮丧。

不论在生活还是在工作中，我们都要提倡认真，认真的人通常将自己的工作做得更为

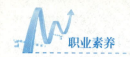

出色,让生活变得更为精致,也让人生变得更加幸福和充实。认真的态度固然是好的,但是在现实生活中,我们要注意避免走向另一种极端,即认真得近乎偏执,对自己过分要求,导致情绪低落,生活过于沉重。过分要求自己的人,平时总会感到自己的压力很大,经常处于焦虑和疲惫之中。

古语说:"水至清则无鱼,人至察则无徒。"人的一生,经历挫折、坎坷都是难免的,痛苦和欢乐是同在的,烦恼与幸福也是共存的。在现实生活中,对人、对事、对自己都不宜过分苛求。我们一定要理性地认清自己,面对现实,量力而行,远离孤寂与焦灼的情绪,这样我们才能更加深刻地体会生活与成功的意义。

二、与其抱怨,不如做力所能及的改变

生气的时候,试着从自己的身上找一下原因,也许情绪不再激动,很多事情看起来就没有那么不如人意了。抱怨是一种害人伤己的情绪,是一颗钉在心灵笆篱上的钉子。

现实生活中,我们每天遇到的抱怨声音太多了,有别人的,也有自己的。在抱怨声中似乎世界真的是一团糟,然而在那些不抱怨、踏实生活的人眼中,生活依然是那么多姿多彩。

遇到麻烦想抱怨的时候,我们试着这样问自己:我为什么要抱怨?我凭什么抱怨?为什么只有我不满意,而别人却满意呢?事实上,在一个不好的环境中,有的人一直喋喋不休地埋怨,而有的人却能淡然处之,原因或许就在自己身上。

偶尔对生活抱怨一下无可厚非,因为适当的抱怨确实可以舒缓压力,在这样无关痛痒的抱怨之后,我们可以继续认真积极地做自己的事情,但是,一个人如果长期处于这种状态,那么他的生活就真的没有什么乐趣可言了。

抱怨对解决事情而言没有任何实质性的帮助,整日抱怨不但使自己变得更烦躁,也白白地浪费了自己的时间和精力,我们不能因为迟到了,就抱怨公交车开得太慢。一个成功的人永远不会为自己的错误找借口,他们会停止抱怨,从自己身上找出原因,进而取得事业的进步。与其抱怨,不如做力所能及的改变。

三、心平气和地面对不平之事

世界是多元的,否则社会就失去了它的多姿多彩。在漫长的人生道路上,每个人都不可避免地会遇到许多不平之事,我们该以怎样的心态去面对呢?

从健康的角度来讲,如果人在不平事面前不能保持心理平衡,也就是说对人对事不能做到心平气和,对健康是有危害的。《黄帝内经》中说"怒则气上,喜则气缓,悲则气消,恐则气下,惊则气乱,思则气结。"现代医学也发现,人类70%~90%的疾病都与心态有

着极大的关系。如果人的心态不好，爱着急、爱生气，人体的免疫系统就容易被破坏，这个人可能患高血压、冠心病、动脉硬化等病症。所以，好的心态对人的身体健康是有益的，谁能在不平事面前保持一颗平常心就等于掌握了保持健康的金钥匙。

人的心理常常受到伤害的原因之一，就是在每件事上都追求绝对的公平。其实，世上根本就没有绝对的公平。另外，不公平是一种进行比较之后的主观感觉，如果你非要寻求一个公平，就改变衡量公平的标准吧，只要改变一下这种比较的标准，就能从心理上消除不公平感。尽力调整好自己的心态，对任何事都保持一颗平常心，很多问题就会迎刃而解，种种矛盾与心结也就自然能打开了。

四、放松心态，压力才会变成动力

生命如旅行，倘若蜗牛负重，何以轻松上阵？唯有抛却心中挂碍，才能走得步履从容！每个人的生活中都有压力，这些压力来自各个方面，工作、学业、感情……然而，为什么有的人在压力之下，活得轻松自在，有的人却每天都愁眉苦脸呢？

其实，很多成功的人如你我一样，都是普普通通的人，如果你问这些人有什么秘诀，那么他一定会回答你："很简单，你把压力变成动力不就好了吗？"这个问题看似很复杂，实际上却很简单，那就是"放松心态"。如果从现在开始反省以前的种种做法，学会放松心态，你就会发现，压力没有想象的那么恐怖，相反，它还会成为一种激励因素，让你鼓起勇气奋力前行。

面对压力，生活中的不少人都会表现得极端痛苦，越是抱怨，就越是悲观沮丧。在他们的眼里，压力是阻力，是一种负担和包袱。因此，得不到快乐也就理所当然了。

压力在现代生活中很常见，能否通过它得到快乐的生活，关键就看自己的选择。懂得反省，懂得如何改变自己的心理状态，那么压力就不可怕，反而会成为收获快乐的助推器。

总之，生活中我们的情绪时刻都会发生变化。要管理情绪，首先要学会体察情绪，客观冷静地分析自己情绪产生的缘由，慎重思考激动情绪所产生的后果，然后适时地表达出来，进而解开心结，这样一方面有助于缓解压力，另一方面还能增进团队成员之间的了解。另外，智慧的情绪管理者，会合理地释放和排解负面情绪，积极的心态带来积极的情绪，从而促发积极的行动。排解情绪的目的在于给自己一个厘清想法的机会，其方式很多，如倾诉、痛哭、运动。如果我们能多想想，并根据自己的情况选择适合自己且能有效缓解压力的方式，相信我们一定可以控制好自己的情绪，而不是让情绪控制自己的行为。

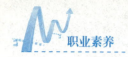

职场上如何培养积极心态

1. 重视细节，从小事做起

做什么工作都要从零开始，从低处做起，一步一个脚印，凭实干立身职场。还要重视细节，小事也要做到位。工作中没有小事，每做一件事情其实就是对自身素养、品行、学识的一次历练。就工作本身而言，不存在优劣高低之分，它是我们生存的资本，是我们实现价值的平台。

2. 树立责任意识，积极主动的精神

做什么工作都要有一颗责任心，将责任牢记心头，树立较强的责任意识，积极主动把工作做好，因为人很难逃脱个人的思维模式，我们要做的是一开始就把习惯培养好，这样就会按照自动的模式做下去。

3. 早做准备，不拖拉

不要一味等着别人来安排你的工作，而应该早做准备，主动寻找能将工作做得更好的方法。凡是成功的人，总是主动比别人多付出一点点，自动自发地为自己争取最大的进步。没有成功会自动送上门来，也没有幸福会平白无故地降临到一个人的头上，这个世界上一切美好的东西都需要我们主动去争取。

4. 瞄准目标，大踏步向前走

精力过于分散，就很难成功，我们要学会聚焦，滴水穿石，目标要专注，只有心中有目标，遇到任何困难才不会松懈，才会脚踏实地、一如既往地做下去。

你是不是懂得驾驭愤怒情绪的人

1. 训练内容

通过做心理测试题的方式来了解自己，看看自己是愤怒的主人还是愤怒的奴仆。

2. 训练目的

（1）学习从多角度认识自己。

（2）客观真实地分析自我、管理自己的情绪。

（3）通过测评，解读自己的性格特质与潜能，了解管理情绪的优劣势，加强自我认知。

3. 训练要求

请如实回答以下问题，然后参考后面的测试解析，并按照给予的建议加以改正。

（1）你经常发脾气吗？

A. 我不爱发脾气，从没有真的发怒过，而且每当别人有这种愚蠢的孩子气的行为时，我都会感到非常可笑。

B. 我有时也发怒，可一旦事情过去，总会觉得有点惭愧。

C. 我经常发怒，甚至因为很小的事情；我有时知道自己错了，然而很难开口承认。

（2）你对电影中的愤怒场面怎么看？

A. 我不喜欢电影中的愤怒场面，就像不喜欢生活中的愤怒场面一样。

B. 我欣赏电影中的愤怒场面，虽然自己不会去摔东西，但看这种非常真实的场景使我满足。

C. 对此我有强烈的共鸣，事实上它教会我怎样在生活中表达愤怒。

（3）你生气时的表现如何？

A. 默默地走开。

B. 努力克制，但是不管干什么心里都烦。

C. 大叫大喊，让人们都知道我有多么愤怒。

（4）当你受到伤害时，你会怎样？

A. 伤害使我痛苦极了，我再也不会提这件事。

B. 感到自己受了伤害时，我会几个小时都说不出话来。

C. 当感到自己受了伤害时，我会当场反击。

（5）当对方发怒时，你会怎样？

A. 愤怒的人使我害怕，我总是想法与对方和解，或者躲开对方。

B. 别人和我翻脸时，我先听对方说完，然后设法使对方平静下来，以便我们能够开诚布公地谈。

C. 我不怕别人发怒，事实上我喜欢吵架。

（6）你是否会与家人或亲近的朋友吵架？

A. 从不。

B. 有时。

C. 经常。

（7）你是否认为人们应该相互说出真实的想法？

A. 如果会引起麻烦，就不说真话。

B. 不，我宁愿将真话藏在心底。

C. 是的，永远这样。

（8）在家里吵架时，你摔东西吗？

A. 从没摔过。

B. 只是在极度愤怒时摔。

C. 是的，有时摔。

（9）你知道自己做了件会激怒家人或好朋友的事，但你认为自己没有错。你会怎样？

A. 对此保持沉默。

B. 告诉他们，并任由他们愤怒。

C. 大胆地告诉他们，并试图说明缘由。

（10）你的家人不断地就一个问题责骂你，你会怎样？

A. 忍耐着，但会长时间生气。

B. 发脾气，然后很快平静下来。

C. 每次听到唠叨这个问题就吵。

（11）你是否认为争吵摧毁了友情？

A. 是的。

B. 不一定，看朋友关系亲疏。

C. 不是，理智的争吵能增进友情。

（12）当你在外面生了气，你是否会将愤怒加在与你亲近的人身上？

A. 从不。

B. 你试图克制，却无法控制。

C. 经常。

（13）你买了一件很贵的新鲜玩意儿，可一星期后就坏了，你会怎样？

A. 尽一切可能要求赔偿。

B. 打电话给商店，温和而理智地要求退货。

C. 寄一封措辞激烈的信或打电话骂卖家一顿。

（14）因为前面一个人在检票口笨手笨脚地找票和问话，使你恰好没赶上车，你会怎样？

A. 感到愤怒，但什么也不表现。

B. 像以往那样耸耸肩了事。

C. 告诉那人他误了你的事。

（15）凌晨1点钟时，你被邻居家的音乐吵醒，这已经是两周以来的第三次了。你会怎样？

A. 非常生气，但什么也没做。

B. 清晨从门缝中礼貌地塞张纸条。

C. 径直去大声叫他们安静下来。

（16）最近你看到一部极糟的电影，你会怎样？

A. 坐在那等到散场。

B. 中途退场。

C. 写信抨击，或在某些公共场合表示你的不满。

（17）你排队时有人到你前面插队，你会怎样做？

A. 瞪着他，什么也不说。

B. 拍拍他的肩膀，叫他到后面排队去。

C. 向队伍里的人大声抱怨。

（18）在一家高级餐馆，服务员将菜汤洒在了你的裤子上，你会怎样？

A. 从牙缝里很不情愿地说一句："没关系。"

B. 真心说一句："没关系。"

C. "你赔我的裤子！"

（19）你预约后在诊所里候诊，但你很忙，等了20分钟后，你会怎么做？

A. 继续等。

B. 礼貌地解释说你必须走了，并且重新约一个日期。

C. 大声抱怨着走出去。

（20）如果售货员对你态度粗鲁，你会怎样？

A. 觉得丢脸，但什么也没说，只是想以后再也不到这里来了。

B. 猜想对方可能今天不顺心，并且忘掉这件事。

C. 以同样粗鲁的态度回敬对方。

（21）你和一个惹恼你的陌生人吵了起来，你会怎么做？

A. 尽快从争吵中撤退。

B. 克制着不发脾气，并且顺着对方。

C. 告诉对方你认为对方有多么坏。

计分标准：

选择 A 得 0 分，选择 B 得 3 分，选择 C 得 5 分。

测试解析：

第 1 题至第 5 题测试的是你在愤怒情境中发怒的程度，请将这 5 题的分数相加看一下结果。

0～10 分：出于某种原因而害怕愤怒，不仅怕自己发怒，也害怕别人发怒。如果你的分值低于 7 分，你很可能属于那种"没脾气"的人。

11～17 分：你了解自己的愤怒并能适当地表达。你不是个容易愤怒的人，能克制自己尽量不发脾气。

18 分及以上：你发起脾气来无所顾忌，容易使他人感到威胁和敌意。有时会感到自

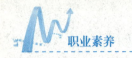

己的感情失去了控制。

第 6 题至第 12 题测试的是你在个人关系中的愤怒,第 13 题至第 21 题测试的是你在社会关系中的愤怒。请将这 16 道题的分数相加看一下最终结果。

60 分以上:你属于公开愤怒的一类人。

40～59 分:你属于能够控制愤怒的一类人。

39 分及以下:你属于压抑愤怒的一类人。

任务二 善待自己,从给自己减压开始

"装笑"也管用

美国一广告公司的部门经理弗雷德工作一向很出色。有一天,他感到心情很差。但由于这天他要在开会时和客户见面谈话,所以不能有情绪低落、萎靡不振的神情表现。于是,他在会议上笑容可掬、谈笑风生,装成心情愉快而又和蔼可亲的样子。令人惊奇的是,他的这种心情"装扮"却带来了意想不到的结果——随后不久,他就发现自己不再抑郁不振了。

美国心理学家霍特指出,弗雷德在无意中采用了心理学的一项重要规律:装着有某种心情,模仿着某种心情,往往能帮助我们真的获得这种心情。

有些人通常在情绪低落的时候避不见人,直到这种心情消散为止。这么做果真是好办法吗?

多年来,心理学家都认为,除非人们能改变自己的情绪,否则通常不会改变行为。当然,情绪、行为的改变也不是说变就变、想变就变的"瞬间"现象,而是有一个心理变化的内在过程。心理学家艾克曼的最新实验表明,一个人老是想象自己进入了某种情境,并感受某种情绪时,结果这种情绪十之八九果真会到来。需要注意的是:随着年龄、性别、职业、性格等因素的不同,情绪变化的程度和时间也不一样。情绪有了变化之后,伴随每一种情绪的外在表现,生理反应也会出现变化。研究表明:一个故意装作愤怒的实验者,由于"角色"行为的潜移默化影响,他真的也会愤怒起来,表现在待人接物、言谈举止等方面;同时,他的心率和体温(心率和体温都是愤怒的生理反应指标)也会上升。

为了调控好情绪,不妨偶尔对自己的心情进行一番"乔装打扮"。

(资料来源:https://www.sohu.com/a/379303619_434824)

任务启示

上述案例启示我们,在生活工作中应该多笑,以积极乐观的心态面对一切。相反,生气对自己身心健康所造成的损害自然不言而喻。俗话说,生气就是拿别人的错误来惩罚自己。现代人的压力来自方方面面,压力是导致我们情绪不正常的一种常见问题,而生气是人心理压力过大的一种极端情绪的表现。相反,上面的案例恰恰给我们一种暗示,压力并不可怕,只要找到一种适合的排解压力的方式,就能调节身体状态,增进健康。

任务目标

学会调节自己的心理压力。

任务学习

你觉得有压力吗?你的压力大吗?有一个关于"草莓族"的说法比较流行,"草莓族"是指一些职场新人,他们看似外表光鲜亮丽,"质地"却绵软无力,遇到压力就抵抗不住,变成一团稀泥。网上也有人归纳出"草莓族"的特性:独生子女,从小被父母宠爱;从小不缺钱花,抗压能力低,心理承受能力差;一遇到小挫折或是被说两句就像草莓被碰到一样,容易被伤害。

一、压力概述

压力是指外界环境的变化和机体内部状态所造成的人的生理变化和情绪波动。导致心理压力的因素很多,而且来源、性质不尽相同。可能是来自社会的,也可能是来自家庭的;可能是愉快的,也可能是不愉快的;可能是有益的,也可能是有害的。不管怎样,人面对压力总要采取某种手段去适应它,愉快的、有利的心理压力,一般来说对人的健康不会造成危害;短暂的心理压力对人的身心健康也危害甚小。

长期的心理压力会使人在生理上产生过度的反应,如果不愉快的、有害的心理压力不能得到正确克服,往往会导致种种疾病。心理压力与人的工作效率关系密切,适当的心理压力可以提高人的工作效率,但过大会使人的工作效率大大降低。

二、压力来源

压力来源又称压力源,是指引起压力反应的因素,是作用于个体,使个体产生压力反应的各种刺激。简言之,凡能引起心理压力反应的各种内外环境刺激均可以被视为压力源。

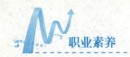

日常生活中的压力源是多种多样的，一般将压力源划分为生理的、心理的、社会的、文化的和时间的五大类。

（一）生理压力源

生理压力源是指直接作用于躯体的物理、化学与生物方面的刺激，直接阻碍和破坏个体生存与种族延续的事件，自然环境中的突发灾害，如地震、洪水、风暴、高原缺氧、沙漠高温、干旱缺水等；生物环境中的异常变化，如高温、低温、辐射、噪声、干燥、外伤、疾病、药物、强酸、毒品及病原微生物、寄生虫等；同时躯体创伤、疾病、饥饿、性剥夺、睡眠剥夺等均属生理压力源。

（二）心理压力源

心理压力源是指直接阻碍和破坏个体正常精神需求的内在和外在事件，包括错误的认知结构，个体的不良经验，道德冲突以及长期生活经历造成的不良个性心理特点（易受暗示、多疑、嫉妒、自责、悔恨、怨恨等），或是生活、训练、学习、人际关系失调导致的心理冲突和挫折情境等。心理冲突和挫折是最重要的两种心理压力源。一个人从上学到工作、从提拔到退休，历经角色转换、角色适应、目标确立到实现目标，始终存在个人目标实现与组织对高素质人才需求的矛盾。而不符合客观现实与规律的认识与评价是产生心理压力的主要原因。

（三）社会压力源

社会压力源是指直接阻碍和破坏个体社会需求的事件，包括纯社会性的（重大社会变革、重要人际关系破裂等）和自身状况造成的人际适应问题（如社会交往不良）。参加重大活动，以及升职、婚姻、恋爱、亲人患病或死亡、夫妻分居、子女教育等生活事件，都可归入社会性压力源。除了重大的生活事件对人产生影响外，一些琐碎、烦恼的小事日积月累，同样也会对人产生影响。如不断被挑剔、被忽视、工作不熟练、发生小事故、忘记某事、被迫应酬、受窘、塞车、恶劣天气、被误解、迟到、被打扰等。

普通的人际关系也会造成心理压力。只要是两个或两个以上的人组成关系，关系中的人就不可避免地感到压力，只不过这种压力有明显和不明显之分。人际关系的压力主要来自这样几个方面：相互竞争，希望自己比别人表现优异；控制他人却不愿被他人控制；力图使自己的言行符合他人的标准；想取悦别人以便达到某种目的等。社会压力程度较轻时人们的状态都很正常，但是在程度较重时，甚至让人感觉到不快的时候，就要考虑做出一些改变了。

（四）文化压力源

文化压力源是指语言、风俗习惯、生活方式、宗教信仰等社会文化环境的改变所引起压力的刺激或情境。如青年应征入伍，远离家乡和亲人，居住在多民族地区面对语言文化背景环境的改变，从学习基本文化知识到学习高精尖专业技能的"文化迁移"等。

（五）时间压力源

时间压力描述了一种个体对拥有的时间感到不足甚至匮乏的主观感知现象。时间压力是现代社会中人们经常面对的重要问题，随着社会竞争的日趋加剧与生活节奏的日益加快，越来越多的人发出了"时间都去哪儿了"的疑问。一项德国的样本为 35 000 人的时间使用调查数据发现，47.3%的个体处于时间匮乏的处境当中；中国社会科学院发布的一项关于中国家庭幸福感的调查报告指出，52%的人认为过高的时间压力是导致自己不幸福的重要原因。可以看出，在当今这个快节奏社会，时间压力问题广泛存在于人们的生活之中，并对人们的工作和生活产生了重要的影响。

三、压力分类

压力通常可分为正性压力、中性压力和负性压力（急性压力和慢性压力）。正性压力是有益的压力，产生于个体被激发和鼓舞的情境中，当压力持续增加，正性压力会逐渐转化为负性压力，绩效或健康状况随之下降，患病的概率增加。中性压力是一些不会引发后续效应的感官刺激，它无所谓好坏。

心理学家耶基斯和多德森通过大量研究发现压力水平与工作绩效和身心健康水平间呈"倒 U"形关系（见图 8-3）。即当压力水平适中时，人的工作绩效和健康状况是最佳的。此时，与压力有关的荷尔蒙可以帮助我们提高身体的效能和信息处理能力，而当压力低于或高于这个适中水平时，人体各方面的机能就会开始下降，工作绩效降低，患病概率也会增加。

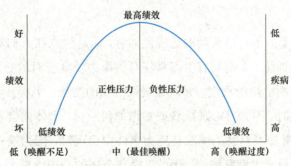

图 8-3 压力水平与工作绩效和身心健康之间的关系

四、调节压力的方法——心理训练

心理训练已逐步在调节心理压力的过程中发挥了积极作用，其对提高干预对象的心理

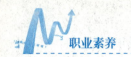

素质、应对能力甚至工作能力等方面都将产生积极的影响。

（一）心理适应能力训练

心理适应能力是个体对外界环境及其变化做出适应性反应的一种心理能力。适应能力强者，无论遇到多么艰难困苦、复杂多变的环境，都能临危不惧、处变不惊，并始终保持稳定、冷静、积极的态度；而适应能力弱者，则往往表现出过分的紧张、惊恐和被动应付。心理适应能力不是固有的，而是在教育、训练与管理实践活动中逐渐形成的，只有通过自觉、严格的心理训练，才能最终形成抵抗各种压力的心理素质。

心理学研究表明，人脑对刺激物的适应程度是随着人的实践活动变化的。对于一些经常执行各种高危任务的群体来说，就是要紧密结合任务的特点，有目的、有针对性地进行各种复杂情况下的心理适应性训练，以熟悉和习惯于复杂任务条件下可能出现的各种刺激因素，掌握当各种刺激物侵袭时克服和减轻心理负荷的方法，保持心理平衡，为赢得任务胜利奠定良好的心理基础。提高个体心理适应能力的训练可以通过多种方法、途径来进行。如通过学习有关压力应对的知识，掌握自我调控的技巧；通过场景的模拟，建立起与所执行工作任务相一致的新的心理活动方式。

（二）心理承受能力训练

心理承受力是指个体承受外界强烈刺激的心理能力。当一个人的心理负荷超出一定限度，就会出现心理疲劳，诱发心理障碍，甚至造成心理创伤。心理学研究表明，个体经过心理训练之后，面对外界的强烈刺激，往往能够比较自觉地调节心理紧张程度，使其保持适度的紧张状态，提高心理活动能力，从而使心理承受力不断增强。因此，在平时的训练活动中应当充分利用这种机制，采取科学方法，模拟压力或应激环境可能出现的情况，对个体的心理活动进行冲击，以提高他们的心理"抗震"能力、负重能力，从而扩大其心理容量。

心理承受能力训练，不只是被动的适应性训练，而是建立在人们对压力特点充分认识理解基础上的主动性训练。人们只有学习掌握有关压力及其应对的必要知识，才能在应激过程的准备中准确判断危险的程度，并对其采取恰当的措施。事实证明，当较为熟悉的情况在压力事件中出现时，因为有心理准备或知道如何应付，个体就会表现出较强的心理承受力；相反，当不了解和不熟悉的情况在压力事件中出现时，因为没有心理准备且不知道如何应付，个体就容易产生慌乱情绪。因此，提高个体的心理承受力，必须加强对压力及其应对知识的学习，并利用这知识来进行训练。

（三）自我意识训练

自我意识是对自己身心活动的觉察，即自己对自己的认识，具体包括认识自己的生理状况（如身高、体重、体态等）、心理特征（如兴趣、能力、气质、性格等）以及自己与他人的关系（如自己与周围人关系，自己在集体中的位置与作用等）。总之，自我意识就是自己对于自己身心状况的认识。由于个体能洞察自己的一切，因而能对自己的行为进行调节和控制。自我意识的成熟被认为是个性基本形成的标志，它在人的社会化过程中具有相当重要的地位，自我意识是个体社会化的结果，同时，自我意识的形成和发展又进一步推动个体的社会化。

由于自我意识在人发展过程中是循序渐进的，是在自我认识、自我体验和自我监控三种心理成分相互影响、相互制约的过程中发展的。所以，心理自我意识训练在自我意识发展规律的基础上，结合日常生活、学习和劳动，采取灵活多样的方式，促进我们认识自我、评价自我、体验自我和调整自我，促使我们的自我意识健康发展。

1. 自我认识

自我认识在自我意识系统中具有基础地位，属于自我意识中"知"的范畴，其内容广泛，涉及自身的方方面面。自我认识训练的重点应放在三个方面：第一，学会认识自己的身体特征和生理状况；第二，认识自己在集体和社会中的地位及作用；第三，认识内心的心理活动及其特征。

自我评价是自我认识中的核心部分，是自我意识发展的主要标志，是在认识自己的行为和活动的基础上产生的，是通过社会比较而实现的。由于我们自我评价能力不强，往往不是过高就是过低，大多属于过高型。因此，要提高我们的自我评价能力，就应学会与同伴进行比较，通过比较做出评价；还应学会借别人的评价来评价自己，学会用一分为二的观点评价自己。由于自我评价是自我认识中的核心，它直接制约着自我体验和自我调控，所以，对我们进行自我意识训练的核心应放在自我评价能力的提高上。

2. 自我体验

自我体验是主体对自身的认识而引发的内心情感体验，是主观的我对客观的我所持有的一种态度，如自信、自卑、自尊、自满、内疚、羞耻等都是自我体验，自我体验往往与自我认知、自我评价有关，也和自己对社会的规范、价值标准的认识有关，良好的自我体验有助于自我监控的发展。进行自我体验训练，就是要增强个体的自尊感、自信感和自豪感，不自卑、不自傲、不自满，使人们随着年龄增长懂得做错事的内疚感，做坏事的羞耻感。

3. 自我监控

自我监控是自己对自身行为与思想言语的控制，具体表现为两个方面：一是发动作用；二是制止作用，也就是支配某一行为，并抑制与该行为无关或有碍于该行为进行的行为。进行自我认知、自我体验的训练目的是进行自我监控，调节自己的行为，使行为符合群体规范，符合社会道德要求，通过自我监控调节自己的认识活动，提高学习、工作效率。

为提高我们的自我监控能力，我们应将重点放在促进某个转变上，即由外控制向内控制转变。如果自我约束能力差，常常会在外界压力和要求下被动地从事实践活动，比如只有老师要求做完作业后检查，你才会进行检查。针对这种现象，通过自我意识训练可帮助个体学会如何借助外部压力，发展自我监控能力。

五、拥抱压力

人和人之间的差距就在于如何"把握刺激和反应之间的这段距离"。压力是外界刺激带给你的，不同的应对方式会有完全不同的结局。

下面介绍一些方法和技巧来帮助你应对压力，通过这些方法来应对压力，你可以获得更好的结果。

（一）摆脱消极情绪的恶性循环

第一步是要用一些方法来摆脱压力带来的消极情绪。

技巧1：承认并拥抱压力

和逃避或者否认压力相反，我们需要坦然地承认压力，对自己说我压力很大。很多人觉得自己说有压力是一种懦弱的表现，但其实并不是。每个人都会有压力，只要这个事情对你来说很重要你就会有压力，不需要去否认这一点。

压力出现的时候，坦然地承认自己有压力，好好感受它的存在，并且接纳压力，这是我们需要做到的第一步。

技巧2：系统思维干预

当压力来得太猛烈的时候，很多时候我们就会产生"不想干了"的感觉。

这时候需要对自己进行一个系统的思维干预，通过问自己一系列的问题让自己冷静下来。你可以把下面这些问题打印出来以防万一：

（1）现在放弃会错失什么机会？对于你自己认可的价值和个人进步是不是会有影响？你的生命会为因为这次选择更加丰富了还是更加狭隘了？

（2）如果你现在逃避了，逃避后替换的事情给你带来的好处会更多吗？

（3）如果你不害怕有压力，你希望自己的未来是什么样的？通过追求某些机会，你的生命会成为什么样子？放弃这些机会你的代价会是什么？

花点时间把这些问题的答案写下来，认真思考一下，你会慢慢找到面对压力的勇气。当这种思维方式变成自己的习惯之后，就会更从容地应对压力了。

技巧3：减压四件套

运动、呼吸、音乐和写作这四个看似简单又普通的活动是极好的减压方法。

当你觉得压力大的时候，首先干的一件事情是，找个别的场地一边听你喜欢的音乐，一边散散步，尽量走慢一点，调整呼吸，把自己的呼吸放慢。一直走到你觉得感觉好一点的时候再重新投入战斗。

这个办法看起来很简单，但是非常有效。很多人知道这个办法，但是因为总是低估它，不愿意尝试，真的是非常可惜。

下一次遇到压力的时候，去尝试一下，你一定会有新的发现。

技巧 4：化压力为动力

压力越大意味着这件事情对你越重要，同时也说明这件事情对于你而言是有意义的。想象一下一个没有压力的人生，也就意味着没有什么事情重要，生活也就失去了意义和乐趣。

所以当压力出现的时候，要意识到这是迎来了一次和自己的价值以及生活的意义相关的事件。压力只是一个激发你全力战斗的信号。

另外，很多能够预见的生活压力，也是有意义的，而不需要妖魔化。比如，刚刚有孩子的父母可能会手忙脚乱，有很多新的压力，但同时应该认识到这是个甜蜜的压力，你肯定不希望再回到没有孩子的生活了。

既然获得了新的体验，那么就适应一下新的压力吧，痛并快乐着，这就是生活本身。

这里有一个简单的会长久持续给你减压的方式，看似没什么关系，但是非常有用。这个方法就是：写下你喜欢的价值和特质，并且随时带在身边。

在脑海中想三个你觉得对你最重要的价值。比如，对某个人而言重要的价值是：智慧、健康和挑战。这三点对于这个人的人生而言就具有重要的意义。

明确自己的核心价值就像是在心里给自己设定了一座灯塔，在航行中遇到大风大浪，只要能看见灯塔，就不会太迷茫。

所以，如果遇到的压力和自己设定的三个最重要的价值相关，自己就会更容易克服眼前的困难，把压力转化为实现价值的动力。

另外，把价值上升到更加宏观的层面，从长远角度来看，你正在面对的压力事件，对他人、对社会有什么帮助，也会让你的动力更加充足。

技巧 5：降服思维定式犬

当压力出现的时候我们的反应里会有很多下意识的思维定式，当驯服了这些思维定式的时候压力会随之减轻。

久世浩司把这些思维定式分成 7 种，称为"思维定式犬"。下面介绍最常见的四种思维定式犬：批评犬、放弃犬、忧虑犬、内疚犬。

（1）批评犬就是遇到一些冲突压力的时候指责和批评他人，常见的想法是："都是他的错"；

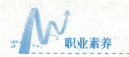

（2）放弃犬不用说，就是遇到压力就想"我不行，我要放弃"；

（3）忧虑犬既不想放弃又难过，担心自己做不好；

（4）内疚犬总是觉得自己之前做的事情是不对的，这样的心态可能会影响下一次的决策。

每条犬都有不同的训练方式，你需要慢慢找到和自己的犬相处的方式。对于不喜欢的犬你要找到办法驱逐它们，或者和它们和平相处。

（二）培养自我效能感

很多压力的出现都是因为觉得自己无力面对，当自己有能力的时候就不会发生压力了。所以我们要逐步培养起自我效能感。

技巧1：目标拆分的实际体验

光觉得压力大而不去做，那么就永远也没有办法去解除这个压力。

如果觉得任务太艰巨，可以先把目标拆分成一小步一小步来做。再大再难的任务都可以拆分成自己能够下手的小步骤。

从容易的部分开始做，慢慢增强自己的自信心，就会发现原本想的事情也没有这么难。这样压力就迎刃而解了。

技巧2：范本示范

当自己不知道如何做的时候，可以寻找榜样，周围的同学、朋友或者同事、竞争伙伴、自己的上司都可以成为自己的榜样。当看到别人做成功的时候，自己的自信心也会提升起来。

技巧3：鼓励和积极氛围

和前面两者相比，技巧3的作用虽然没有那么大，但是在一个有着鼓励行为和积极氛围的环境下，压力也会有相应减少，这一条属于加分项。

（三）和他人取得连接

在压力之下人们的亲社会本能会加强。这也是抗压的好办法。

技巧1：抱团取暖

学习过程中遇到瓶颈的时候你可能会质疑自己的能力，但是通过和其他同学进行交流，你会发现他们也面临着同样的问题，也有同样的压力。

这个时候就会觉得自己的压力一下子减轻很多，不再质疑自己，能够坦然面对现实。

技巧2：感恩的心

当你压力太大的时候，可以尝试给一些周围的人发送一些感谢的话。如果觉得不好意思，也可以自己静下来在纸上写出你想感谢的人，并且写上为什么要感谢他。这种感恩的情绪上升的时候，压力也会减少很多。

技巧3：帮助他人

你可能要说，我自己压力这么大怎么还有时间帮助他人？

这是一件很有意思的事情，当你开始帮助他人的时候你的压力反而会减小，帮助他人的过程和结果会让你自己也取得成就感和效能感。

尤其是在一些压力事件中，你可以帮助事件的直接相关者，转变对压力的态度，把这件事的目的换成帮助他人，而不是仅仅完成这件事，这样的思维模式会让你的压力转化为动力。

任务阅读

生活中的减压小妙招

1. 享受音乐声的放松

平常喜欢听歌或者唱歌的人，可以借助音乐来减压。音乐能够使人处于心神宁静的状态，尤其是轻音乐、钢琴曲、伴奏。人处于这些音乐声中，往往会感觉非常放松、舒适。平常休息或者睡觉的时候，听听音乐，让音乐声伴随入睡也是挺不错的，但要注意高音贝的音乐反而会消耗人的精力。

2. 借助身体的运动来减压

人处于高压状态，精神几乎是崩溃的，生理上也感觉特别不舒服。我们可以选择简单的放松肩膀、拍拍腿的方式，也可以选择打球、跑步、游泳等耗能的运动方式来减压。运动时能让身体处于释放能量的过程，会排解压力，对睡眠也有很大的帮助。

3. 情感倾诉

有压力，心里比较郁闷，找个人来倾诉是非常好的一种方式。找些朋友，谈谈最近的状况，把情感垃圾倒出来，不仅有助于减压，而且能增进感情。当然也可以转化成文字，写下来也是一种释放压力的方式，还可以找专业的心理专家来倾诉，这些都是可以尝试的方法。

4. 保持专注

产生压力都是因为某件事情，那就从这件事情入手，碰到难题的困扰，那就一门心思攻克难关，让自己专注解决这件事情。如果还是感觉烦恼，就让自己安静地闭上眼睛停止思考几分钟，再继续攻克难题，并保持不服输的心态，坚信一定会解决问题。等到问题解决时，也就是可以放松的时候。

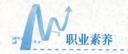

分析个人的抗压临界点

1. 训练内容
进行个人压力测试，了解自己的抗压临界点。

2. 训练目的
（1）了解自己可以承受多少压力。
（2）了解自己的压力承受情况。
（3）分析个人抗压能力，判断自己抗压临界点的高低。

3. 训练要求
首先，请如实回答以下问题，然后参考后面评判标准，并按照给予的建议加以训练。

（1）以下哪句话最能描述你平时的生活状况？

A. 令人舒心的规律。我每天起床、用餐、工作、娱乐的时间基本相同，我喜欢这种有序的生活。

B. 令人愤怒的规律。我每天起床、用餐、工作、娱乐的时间基本相同，枯燥的重复简直要我的命。

C. 基本规律，却无次序。大部分日子，我会遵循起床、用餐、工作、娱乐的套路。但我从不关心这些事情的具体时间，如果有什么新鲜事发生，那就太好了！我一定会去看个究竟。

D. 极不规律，压力沉重。每天都被事情打乱计划，我渴望有规律的生活，可我的努力总是没有结果。

（2）饮食或锻炼不规律的时候，将会发生什么？

A. 我会伤风、感冒、过敏、浮肿、疲倦，还会出现其他提示我身体出现异常的信号。

B. 我并不关注饮食和锻炼，但是大部分时间感觉良好。

C. 饮食？锻炼？如果我有足够的时间和精力把这些事安排到日程表里，我也会尝试。

D. 我很激动，而且兴致高昂。我喜欢打破常规，我想让自己进入不同的状态。

（3）如果被某人批评，或者被某个权威人物指责，你会有怎样的感受？

A. 我会惊慌、失望、焦虑、抑郁，好像发生了某件不受我控制的可怕事情。

B. 我会生气，产生报复心理。我会被所有可以或应该的应对方式所困扰。我会精心设计报复计划，即使我并不打算付诸实施。

C. 我会感到气愤和伤痛，但不会持续太久。我的重点将是如何避免此类情况的再次发生。

D. 我觉得被大家误解了。我知道自己是正确的,却又无能为力,这就是自作聪明的代价!

(4)无论什么原因(音乐会、演讲、演示、讲座),你正在为在众人面前表演做准备,此时的感受是什么?

A. 我觉得头晕、心慌。

B. 我觉得很刺激,有点颤抖和紧张,精力充沛。

C. 我会避免这种情况,因为我不喜欢在众人面前表演。

D. 我觉得展示自我的机会到了,跃跃欲试。

(5)处在人群中间的时候,你有何感受?

A. 高兴。

B. 惊慌。

C. 我觉得会有麻烦出现。

D. 暂时觉得没事,然后准备回家。

评判标准如表8-1所示。

表8-1 压力评价表

题号	略低	略高	太低	太高
(1)	A	C	B	D
(2)	A	B	D	C
(3)	C	D	B	A
(4)	C	B	D	A
(5)	D	A	C	B

其次,从测试解析中对自己有个客观的了解,并尝试适当改变。

(1)如果你的大部分答案集中在"略低"纵列,说明你不能承受太大压力,你也知道这个事实,能够有效采取限制压力的各种措施。

(2)如果你的大部分答案集中在"略高"纵列,说明你能够承受相当高的压力,你还是喜欢多些刺激的生活。

(3)如果你的大部分答案集中在"太低"纵列,说明你的抗压临界点很高,现在承受的压力远远低于你能够承受的压力。

(4)如果你的大部分答案集中在"太高"纵列,你或许非常清楚自己的压力已经超过了你的承受能力,你正在遭受着压力带来的负面影响,比如频繁的疾病、无法集中精神、焦虑、抑郁。

(5)分散的答案说明你的压力临界值处于中等,抗压能力较强。

项目九

树立诚信意识

人无信不立,业无信不兴,国无信不宁。对个人而言,诚信是一种品质,一种责任,一种高尚的人格力量。对集体而言,诚信是声誉,是财富,是正常的生产生活秩序。对国家而言,诚信是良好的国际形象。诚信是人与人之间维系和谐的纽带,是社会进步的基石。人与人之间只有坦诚互信,才能互助、团结、进步。

任务一 坚守诚信,成就未来

晏殊信誉的树立

北宋词人晏殊,素以诚实著称。在他十四岁时,有人把他作为神童举荐给皇帝。皇帝召见了他,并要他与一千多名进士同时参加考试。结果晏殊发现试题是自己十天前刚练习过的,就如实向真宗报告,并请求改换其他题目,宋真宗非常欣赏晏殊的诚实品质,便赐予他"同进士出身"。晏殊当职时,正值天下太平。于是,京城的大小官员便经常到郊外游玩或在城内的酒楼茶馆举行各种宴会。晏殊家贫,无钱出去吃喝玩乐,只好在家里和兄弟们读写文章,有一天,真宗提升晏殊为辅佐太子读书的东宫官。大臣们惊讶异常,不明白真宗为何做出这样的决定。真宗说:"近来群臣经常游玩饮宴,只有晏殊闭门读书,如此自重谨慎,正是东宫官合适的人选。"晏殊谢恩后说:"我其实也是个喜欢游玩饮宴的人,只是家贫而已。若我有钱,也早就参与宴游了。"这两件事,使晏殊在群臣面前树立起了信誉,而宋真宗也更加信任他了。

立木为信与烽火戏诸侯的对比

春秋战国时,秦国的商鞅在秦孝公的支持下主持变法。当时处于战争频繁、人心惶惶之际,为了树立威信,推进改革,商鞅下令在都城南门外立一根三丈长的木头,并当众许

项目九 树立诚信意识

下诺言：谁能将这根木头搬到北门，赏金十两。围观的人不相信如此轻而易举的事能得到如此高的赏赐，结果没人肯出手一试。于是，商鞅将赏金提高到五十金，重赏之下必有勇夫，终于有人站起将木头扛到了北门，商鞅立即赏了他五十金。商鞅这一举动，在百姓心中树立起了威信，而商鞅接下来的变法就很快在秦国推广开了。新法使秦国渐渐强盛，最终统一了中国。立木为信如图9-1所示。

而同样在商鞅"立木为信"的地方，在早它400年以前，却发生过一场令人啼笑皆非的"烽火戏诸侯"的闹剧（见图9-2）。周幽王有个宠妃叫褒姒，为博取她一笑，周幽王下令在都城附近20多座烽火台上点起烽火——烽火是边关报警的信号，只有在外敌入侵需召诸侯来救援的

图9-1 立木为信

时候才能点燃。结果诸侯们见到烽火，率领兵将们匆匆赶到，弄明白这是君王为博妻一笑的花招后又愤然离去，褒姒看到平日威仪赫赫的诸侯们手足无措的样子，终于开心一笑。五年后，西夷犬戎大举攻周，幽王烽火再燃而诸侯未到——谁也不愿再上第二次当了。结果幽王被逼自刎而褒姒也被俘虏。一个"立木取信"，一诺千金；一个帝王无信，戏玩"狼来了"的游戏。结果前者变法成功，国强势壮；后者自取其辱，身死国亡。可见，"信"对一个国家的兴衰存亡都起着非常重要的作用。

图9-2 烽火戏诸侯

185

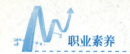

 任务启示

所谓诚信,就是要诚实、守信用,对自己、对他人、对集体要有责任感。它既是中华民族的传统美德,也是我们每个人应该遵守的起码的道德标准。我们的父母和老师常常用他们的言行教导我们从小就要做一个讲诚信的人。

 任务目标

懂得诚信做人的道理和意义。

 任务学习

诚信,是中华民族的优良传统之一,自古以来,中国人就看重诚信。明末清初的顾炎武曾赋诗言志:"生来一诺比黄金,哪肯风尘负此心。"这句诗表达了其坚守信用的处世态度和其内在品格。"北有同仁堂,南有庆余堂",同样表达了人们对中国两个传统企业诚信的高度认可,它们也因此稳固屹立至今。

一、诚信是立身之本

"诚"是指真实的内心态度和品格,体现的是自我的道德修养,用于约束个体;"信"是指人际关系中的践约与守诺,更多地体现一种外在的社会关系,是对社会群体的双向或多向要求,用于规范社会秩序。所谓诚信,就是要诚实、守信用,对自己、对他人、对集体要有责任感。它既是中华民族的传统美德,也是我们每个人应该做到的最起码的道德标准。

"诚",更多地指个体的内在,是一种真实、诚恳的内心态度和内在品质。"诚"所关涉的对象更多的是个体自身,是一个人对于自身道德水准和行为规范的要求,是个体对于自身将成为一个什么样的人的关切。《孟子》对"诚"的诠释是这样的:"诚者,天之道也;思诚者,人之道也。"孟子将"诚"视为天道,视为由天理所定义的最为根本的一种道德属性;人作为天地之造化、万物之灵长,必须通过对"诚"的认识、反思和践行来秉承天道,将"思诚"作为人之道,也就是将其作为人伦道德的基本规范。

与"诚"相较而言,"信"至少发生在两个人之间的关系当中,涉及自身外在的言行,涉及人与人之间的作用和影响。如果说"诚"的重心在于我,"信"的重心则在于人,尤其在于自身言行对他人的影响。所以,"信"是一种主体间的道德准则,而并不仅仅关系到一己之诚。守信是遵守诺言、实践自己的诺言。"言必信,行必果"是中国传统道德中的精华,守信是最基本的道德要求。

综上所述,诚,是内在的品质;信,则是外在的表现。怀着诚实不欺的心,并付诸实际行动，这就是"诚信"。大学生的诚信意识、诚信行为、诚信品质，关系良好社会风尚的形成，关系社会主义和谐社会的构建，在一定意义上关系中华民族的未来。大学生要以诚信为本、操守为重、守信光荣、失信可耻为基本要求，把诚信作为高尚的人生追求、优良的行为品质、立身处世的准则，自觉做到言必信、行必果，诚心做事、诚实做人，言行一致、表里如一，努力培养诚实守信的优良品质。

二、诚信是处世之道

诚信，是一种永恒的力量，是一个人最宝贵的财产。诚信的品德是在人类文明发展过程中积累起来的，无论何时何地都不会过时。它赋予每个人以尊严，提升人的品位，促进人类的发展。

诚信的力量巨大。如果你在与人交往的时候能够信守承诺，别人就会被你的态度所打动，也就能信任你、支持你。诚信会使你在困难的时候得到真正的帮助，也会使你在孤独的时候得到友情和温暖。一个人一旦缺失了诚信力量的强大支持，就会在这个社会上寸步难行。

三、诚信是立业之基

2020年7月21日，习近平总书记主持召开企业家座谈会并发表重要讲话："人无信不立，企业和企业家更是如此。社会主义市场经济是信用经济、法治经济。企业家要同方方面面打交道，调动人、财、物等各种资源，没有诚信寸步难行。由于种种原因，一些企业在经营活动中还存在不少不讲诚信甚至违规违法的现象。法治意识、契约精神、守约观念是现代经济活动的重要意识规范，也是信用经济、法治经济的重要要求。企业家要做诚信守法的表率，带动全社会道德素质和文明程度提升。"

诚信是一笔无形的财富，如果丢失了诚信，你失去的将不仅仅是发展机遇，还有别人对你的信赖。在市场竞争和人才竞争日益激烈的今天，任何人和任何企业的成功都不是一蹴而就的，都会有一个艰苦奋斗的过程，在这个过程中，诚信起着举足轻重的作用。很多商业巨头的个人创业史表明，诚信是他们得以成功的根本，是帮助企业发展的无形资产。由此可见，诚信不仅有道德价值，还隐含着巨大的经济价值和社会价值。那些商业巨头们的创业成功，正是因为他们认识到诚信这笔"存款"的价值，善用这笔"存款"，才会在滚滚商业大潮中脱颖而出，成为各行各业的佼佼者。

四、诚信是驰骋职场的通行证

当前，众多企业面临人才流失率高的窘境。很多人力资源专家指出，出现这种现象的

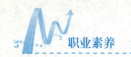

根本原因就是诚信危机。具体表现为：人才往往为高薪而跳槽；而企业害怕人财两空，不愿花钱培养人才，热衷于找猎头从竞争对手那里"挖墙脚"。企业抱怨人才流动"太过自由"，对企业的发展构成了严重威胁；而人才崇尚自由选择权，反对企业设防牵制，双方互不信任。

"人往高处走，水往低处流"，我们每个人都希望自己能取得更高的成就，合情合理。因此，对于一个员工来讲，他想通过跳槽谋求一个更好的职位，寻求更好的发展，也是可以理解的。

然而，随意毁约是一种不诚信的行为，个人通过毁约看上去可以得到一份非常不错的工作，却往往影响到今后的职业生涯，得不偿失。一个人如果频繁跳槽，只能越跳越糟糕。因为一个人频繁地换工作，对一份工作浅尝辄止，专业方面很难有所建树，既耗费时间，又透支职场诚信度。对企业管理者来讲，他们会认为这种人不稳定，没有耐心和恒心，自然不会予以重用。跳槽者会因此影响了自身的职业发展，使自己在职场上进退两难。

人力资源专家将人的职业生涯划分为五个发展阶段：成长期、探索期、创新期、维持期和衰退期。一个人职业生涯发展前的1~5年，是职业探索期，在这期间，如果我们频繁跳槽或盲目转行，探索期就会相应延长，从而造成时间浪费。

因此，从自己职业生涯发展的角度考虑，我们对待工作要诚信第一。诚信是一辈子的事情，是驰骋职场的通行证，远比机会重要。这次的机会没有了，还会有下次的机会。而一个人的能力，尤其是信誉，必须在一个地方经过积累才能看出来。只要我们慎重地选择工作，至少应该踏踏实实地做满2年。坚守自己的承诺，言而有信，做一名诚信的职场人，正面、乐观、积极地对待和处理问题，积累工作经验和专业技能，获取同事、领导的欣赏和信任，得到企业的重视与培养，就会为未来的良好职业发展不断增加砝码。

总之，诚信是一种高尚的人生境界，是一种生命体验的崇高格调，是实现真正意义上的自我价值的基础。漫漫人生路，诚信导你行。守住诚信，就守住了生命的价值；留住诚信，就留住了人生的灿烂与辉煌。

用诚信守护中国宝宝"奶瓶"

黑龙江飞鹤乳业有限公司冷友斌作为乳类企业负责人，他是这样定义企业诚信的：我们每一罐奶粉出厂都带着承诺，带着诚信，带着宝宝的未来，带着民族和家庭的希望。

把做好奶源作为践行诚信的第一步。作为乳粉企业的负责人，他认为守护中国宝宝的

"奶瓶"，要用好奶源来保证奶粉品质。于是，企业从头做起，贷款建立了自己的万头奶牛牧场，严格把控奶牛的饲养、挤奶、清洁、防疫等生产环节，实现了"把奶源安全牢牢掌握在自己手中"的目标，收获了消费者对企业产品质量的信任。

把提升奶粉质量作为践行诚信的安全保障。企业依托地理生态优势，用10余年时间潜心打造集饲草种植、饲料加工、专属牧场奶牛养殖、现代化乳品加工厂于一体的产业集群，并要求上下游合作企业通过相关质量保证资质认证。先后成立质量部、技术研发部、实验室等部门，建立多个工厂实验室，对原材料、加工、包装、储存直至销售等过程设立411道检测项目，不断提高奶粉质量，实现了企业59年"零安全事故"。企业推出"双屏互动可视化全产业链"技术，拉近与消费者之间的距离，让消费者随时随地看到原生态环境、农场牧草种植、牧场奶牛养殖与鲜奶采集、智能工厂等环节，自觉接受消费者监督。

把找准奶粉定位作为践行诚信的企业责任。企业致力于研究最符合中国母乳核心营养成分的结构比例，不断强化产品科研能力，建立中国首家乳品工程院士工作站，与哈佛大学等国外高校构建科研平台，组建自己的技术研发团队，建立了中国母乳数据库，探索更适合中国宝宝体质的个性化营养解决方案。企业产品凭借优异品质，牢牢站稳国内高端奶粉市场。

（资料来源：http://www.fjmx.gov.cn/ztzl/cx/202207/t20220729_1813269.htm）

诚信值千金

1. 训练内容

阅读下列内容并思考。

2020年12月7日，在山东曲阜举行的"2020中国网络诚信大会"发布《中国网络诚信发展报告》，该报告用一组组数据揭示了当前我国网络空间违规失信问题的严峻性。

据统计，截至2020年6月，我国网民规模达9.24亿人，互联网普及率达67%。如此庞大的网民群体，不仅意味着发展红利和机遇，同时也带来治理难题和挑战。

与会的业内人士表示，筑牢清朗网络空间的诚信基石，首先要靠行业自律。近年来广大互联网企业重视企业诚信建设，建立并不断完善企业诚信内生机制，"吃瓜"不知该站哪边，直播带货卖100万元退货90万元，从未订阅过的推销短信铺天盖地，吸引人的标题背后是文不符题的失望……这背后的逻辑皆因"流量"作祟。

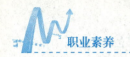
职业素养

"流量为王"还是"内容取胜"？哔哩哔哩董事长陈睿在大会上说，只有坚持数据真实，坚持行业自律，才能让企业健康发展。

互联网公司正担起打击网络虚假行为的主体责任。行吟信息科技（上海）有限公司（"小红书"的隶属公司）公共政策部总经理熊键表示，"小红书"最核心的竞争力是内容，在2020年9月开展的啄木鸟计划中，小红书处置了7 383位有虚假推广行为的博主和21.3万篇有虚假推广嫌疑的笔记。

中国传媒大学电视学院教授、视听传播系主任叶明睿说："互联网公司打击假流量、保障数据真实的本质是保护原创，为平台带来持续活力。他们主动向内容导向倾斜，是践行网络诚信的生动体现。"

营造清朗的网络空间，也离不开制度保障护航。一些行业领域通过建章立制，给从业者套上了"诚信紧箍咒"。

同一时间的同一航班，老用户购买机票比新用户更贵。众多领域的"大数据杀熟"让消费者屡陷消费陷阱。2020年10月，文化和旅游部印发的《在线旅游经营服务管理暂行规定》正式施行，明确提出在线旅游经营者不得滥用大数据分析等技术手段，基于旅游者消费记录、旅游偏好等设置不公平的交易条件，侵犯旅游者合法权益。此举极大规范了在线旅游市场秩序。

据国家发展和改革委员会相关负责人介绍，近年来，中共中央网络安全和信息化委员会办公室会同相关部门开展违规失信网站专项整治，组织举办网络诚信大会和网络诚信宣传日活动，会同有关部门制定关于全面加强电子商务领域诚信建设的指导意见，建立平台经济领域信用建设合作机制，网络诚信建设取得显著成效。

目前，在群众广泛使用的 App 中，多数都开始引入信用评价、失信约束等诚信机制。诚实守信、风清气正的网络环境正在加快形成。

2. 训练目的

（1）深刻理解"百行信为首""人无信不立"的含义。

（2）用现代化手段量化自己的诚信分数，反省自己过去的不诚信行为。

（3）思考在现代大数据社会中个人应怎样践行诚信守法文化，如何加强自我约束并做好自律管理。

3. 训练要求

同学们可以借助信息化教学手段分组讨论，畅所欲言，然后每组选出一人来总结发言，由教师或选出的代表进行点评。

任务二　培养诚信品质，塑造诚信人生

任务案例

2021年"诚信之星"

为深入贯彻习近平总书记关于诚信建设的重要指示精神，大力培育和弘扬社会主义核心价值观，生动讲述先进典型讲诚信、重诚信、守诚信的感人故事，推动诚实守信成为全社会的共同价值追求和自觉行动，中共中央宣传部、国家发展和改革委员会于2022年1月向社会发布了2021年"诚信之星"。

该次发布的10个"诚信之星"（2个集体和8名个人）分别是：福建鸿星尔克体育用品有限公司（见图9-3），新疆旺源生物科技集团，天津市北辰区瑞景街道宝翠花都社区党总支书记、居委会主任林则银，上海市静安区彭浦镇社区卫生服务中心全科团队长严正，江苏省淮安市淮阴区市场监督管理局退休职工李爱云，安徽省六安市金寨县麻埠镇齐山村海岛卫生站医生余家军，山东省济宁市市中区委老干部局退休职工谢立亭，重庆市万州区武陵镇椅城社区居民袁玉兰，中国邮政集团云南省怒江傈僳族自治州分公司泸水市称杆乡邮政所所长桑南才，西藏自治区林芝润鑫实业有限公司董事长韩宇。

图9-3　2021年"诚信之星"

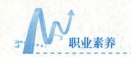

2021年"诚信之星"发布主要通过电视专题片讲述他们的先进事迹。他们都来自基层一线，有的践行根本宗旨、矢志为民服务，办了大量实事好事；有的牢记初心使命、恪守职业道德，成为群众生命健康的"守护神"；有的传承红色基因、赓续精神血脉，用一生践行守护革命烈士的朴素誓言；有的秉承诚信理念、主动奉献社会，在市场经济大潮中铸就企业信用品牌。他们用一点一滴的实际行动集中彰显了永远听党话、跟党走的铮铮誓言，生动展现了以诚立身、守信践诺的人生信条，是诚实守信价值理念的坚定守护者，是社会主义核心价值观的模范践行者。

 任务启示

中华民族历来都把"诚信"作为一种美德、一种理念、一种修养来追求和歌颂。十位"诚信之星"以自己的实际行动诠释了诚实守信的价值准则，充分展现了当代中国人重信践诺、信誉至上的精神风貌，是社会主义核心价值观的模范践行者，是全社会共同的价值追求典范。他们身上所展现出来的诚信的宝贵品质让人感动，且会影响和带动更多的人走上靠诚信立身兴业的道路。他们的先进事迹，充分发挥着先进典型的示范带动作用，必将有力促进诚信文化建设，增强全体公民的诚信意识，在全社会形成守信光荣、失信可耻的良好风尚，推动诚信社会、诚信国家的建设。

 任务目标

1. 了解诚信的含义和基本要求。
2. 掌握诚信的基本内容。

 任务学习

克里斯博士说："诚信已不仅仅是品德范畴的东西了，它更成为一种生存的技能，如果一个人失去了对共生伙伴的诚信，那他就失去了做人的原则，失去了成功的机会。"

一、诚信的含义

诚信是一个道德的范畴，是公民的第二个身份证，是日常行为的诚实和正式交流的信用的合称，即待人处世真诚、老实、讲信誉、言必信、行必果。

诚信是人必备的优良品格，一个人讲诚信，就代表他是一个讲文明的人。讲诚信的人，处处受欢迎；不讲诚信的人，人们会忽视他们的存在。所以，我们要讲诚信，诚信是为人之道，是立身处世之本。

二、诚信的基本要求

（一）忠于职守就是一种安全有益的职业生存方式

对员工而言，拥有诚信就拥有了一种安全有益的职场生存方式。要知道，有了诚信的品质我们才能参加工作。因为在一个组织中，诚信是组织成员相互合作的必要条件，以此可以很直接并且快速地评估一个人是否值得信赖和委以重任。诚恳守信、言出必行、忠诚可靠、有良好的道德品质的人就是值得信赖的，也是企业和社会所需要的。所以，诚信品质也是我们达到职业化的一种保障。对此，我们应该记住的是，不论在什么时候，什么地方，我们都应该把做人的诚信放在首位。

很多世界级企业对员工进行绩效考核时也同样看重诚信，他们要能力，但更看重诚信。如通用电气公司对人才选拔的价值观是：员工首先要具备的是诚信，业绩居于第二。联想集团在选拔人才时看重两方面的素质，一是诚信、正直的态度，二是求真、务实的工作状态。因为联想不仅需要具有创新意识的人才，更需要脚踏实地、认真做事的人。IBM 在选人时也很看重人的正直和诚实，并把二者放在很重要的位置。惠普公司也十分注重选拔具有诚实和正直品行的人才。这些企业都认为，如果一名员工不能诚实的工作，即使他可能在短时间内给公司带来效益，但不可能带来长远的利益，而员工不讲诚信的行为往往还会给企业造成负面的影响。

由此可见，诚信品质是众多企业衡量人才的一个重要标准，他们都认为不讲信誉的员工肯定不是好员工。其实不单是这些大企业，几乎任何企业都一样，都会把员工的诚信放在第一位。

如果你有诚信品质，那么你就可以在职场上建立良好的信誉和形象，从而使你的职业化素质快速提高。因为一名员工能否在公司中立足，能否得到领导和同事的信任，能否最终取得职业生涯的成功，很大程度上都取决于该员工的诚信品质。若该员工发生了诚信危机，那么他很可能就没有机会在公司继续工作下去了，严重者或许还会受到法律的制裁。

还有一种情况是，不真诚对待工作也是不诚信的表现。在工作过程中，如果员工不能诚实地做好工作，那么他就会出现诚信危机。这样的员工往往不会把工作当回事，会欺骗上司、同事、下属以及公司客户等，甚至出卖或背叛公司、中饱私囊。这样一来，公司的团结、声誉、利益就会受到损害。而他敷衍、欺骗、背叛的行为，也必会招来众怒，乃至受到惩罚。

因此，诚信是一种做人的品质，是个人修养的反映，是各行各业的员工都应具备的素

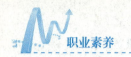

质。存在诚信缺陷的员工肯定不是一名合格的员工,并且也很难真正达到职业化状态。身在职场,我们每个人都应该讲究诚实守信,共树诚信光荣、无信可耻的工作作风,为企业,更为自己的发展而努力。

(二)诚信是一条双行道,付出一份真诚,你将收获一份信任

不管你的能力是强是弱,一定要具备诚信的品德。只要你真正表现出对公司的忠诚、你就能得到老板的信任。他也会乐意在你身上投资,给你培训的机会,从而提高你的能力,因为他认为你是值得信赖和培养的。

同许多成功的世界 500 强企业一样,微软公司也把员工视为最宝贵的资产。公司经常为它所雇用的忠实可靠的,致力于发展高质量产品、程序和业务的人才而感到自豪。在比尔·盖茨的微软公司,员工的使命感相当强烈,求知欲极其旺盛,诚信度也极高。调查显示,微软的人才流动率在 IT 业是最低的,这与其独具特色的用人机制是分不开的。比尔·盖茨曾总结出优秀员工要具备的十大准则,而在这十大准则中,他将"诚信"一条列于榜首。

在员工的诚信度上,微软认为,员工的学识与经验都是可以通过后天补充的,而可贵的品质却绝非短时期内能够形成的。

三、诚信的基本内容

首先,要切实履行自己的岗位职责,这是对企业诚信的核心内容。在自己的岗位上兢兢业业,恪尽职守,在为企业创造经济效益、树立社会形象、培养人才中竭尽自己的智慧和力量。

其次,要有强烈的责任感,自觉维护企业的合法利益。在企业利益遭受损害时,要挺身而出,为挽回企业的损失有多大力出多大力;要把心思用在企业建设上,为企业发展添砖加瓦。

最后,要将个人的发展与企业的发展结合起来。企业是个人发展的平台,要勤学苦练,把自己的业务做深、做精,并力争达到一专多能,成为企业建设的栋梁之材。尤其是在企业遇到危难的时候,要能够与企业患难与共、同舟共济。在企业需要的时候,要能够舍小家,顾大家,不计得失,乐于奉献。

如果你能做到诚信,并把诚信变成自己的一种习惯,你一定会一步步走向事业的成功之巅。诚信是你承担某一责任或者从事某一职业所表现的投入精神。本杰明·富兰克林说:"如果说,生命力使人们前途光明,团结使人们宽容,脚踏实地使人们现实,那么深厚的诚信感就会使人生正直而富有意义。"

四、职场中培养诚信品质的几点建议

（一）守住诚信的人生底线

古往今来，没有任何一个老板会喜欢一个有异心的员工。无论你的能力多么出众，无论你的智慧多么超群，如果你缺乏诚信，那就没有任何人会放心地把重要的事情交给你去做，没有任何人会让你成为公司的核心力量。因为一个精明干练的员工，一旦生有异心，他的能力发挥得越充分，可能对老板和公司利益的损害就越大。很多时候，老板更乐意提拔那些具有诚信品质的员工，对那些三天两头喊着另寻高枝的人则会毫不留情地"打入冷宫"。

诚信不仅仅是个人品质的问题，更会关系到公司和组织的利益。诚信有其独特的道德价值，并蕴含着极大的经济价值和社会价值。一个秉承忠诚的员工，能给他人以信赖感，让领导乐于接纳。最后，在赢得领导信任的同时他更容易为自己的职业生涯带来意想不到的好处。

（二）拒绝跳槽多动症

在职场中，许多国际一流的公司，是很在意应聘者的跳槽记录的。人们普遍认为：一个频繁跳槽的人，一定是缺乏忍耐力和坚持性的人，也就不可能自觉遵守公司纪律、主动适应公司秩序。

西门子中国有限公司就明确表示："那些每半年、一年就换工作的人我们是不会要的。"

西门子在招聘时，如果看到应聘者的简历上有经常跳槽的记录，是绝对不会录用的，甚至连面试的机会也不会给。他们认为，这样的员工对企业缺乏最起码的诚信，这样的人再有能力、再有经验，也不会为企业带来太多的价值，同样他自己也难以在企业中实现自己的价值，企业是绝不会冒风险来录用他的。这样的认识是通过教训换来的。

（三）恪守商业机密

古人说："人生七尺躯，谨防三寸舌。"无论什么时候，都不要拿诱惑去挑战人的道德底线，那样会让你走进痛苦的深渊。一位成熟的职场人士懂得管好自己的嘴巴，无论何时何地，他都能运用自己的自制力保守企业的机密。

在我们工作的环境里，总是充斥着各种各样的诱惑，一个优秀的员工永远不会为利益所诱惑而做出违背原则的事情。如果一个人为了一丁点利益而出卖公司，那么就不会受到欢迎，因为他出卖的不仅仅是公司的利益，还有他自己的人格。哪怕是从他手中获得利益的人，也会从心里对他产生鄙夷。

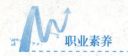

（四）把职业当事业

工作是人生中不可或缺的一部分，把工作当成一项成就自己人生的事业去做，这是一种责任、一种承诺、一种精神、一种义务，更是对自己选择这个职业的一份诚信。

化职业感为事业感，这虽然只有一字之差，却会得到截然不同的结果。职业感要求我们恪守职业道德，尽心尽力地完成我们的工作。而事业感却不同，它体现了更多的自觉性，而且总与某种价值观联系在一起；它追求的是一种完美的境界，能体现自己生存的意义，能激发更多的创造性。一家企业的一名普通工人，发明了好几项专利，在谈到他的心得时，他说："能够取得这些成功，是因为我不仅把这份工作当作谋生的手段，而且当成事业来经营。"

所以当你认为自己所从事的职业是一份值得为之付出和献身的事业时，你就会带着一颗虔诚、敬畏的心去对待你的工作，并在这个过程中让你的人生更加圆满。为了自己的事业而诚信敬业、全力以赴，是让自己的人生价值无限延伸的正确途径。

2021全国"诚信之星"韩宇：我要用一生捍卫诚信

"说心里话，这个奖我拿得很忐忑，愧不敢当。"2021年"诚信之星"韩宇在接受采访时这样说。

韩宇是西藏自治区林芝润鑫实业有限公司董事长。2000年，他第一次来到西藏林芝旅游。可没想到，这次旅游让他决定留在这里创业，从此和林芝有了不解之缘。"吸引我留下来的不仅是壮美的风景、淳朴的民风，更多的是这里落后的条件。我要帮助这里的群众过上好日子。"这一句承诺，他用了10年兑现。

1. 参与感

初到林芝，韩宇看到当时的村民住着简陋的土屋，身上的责任感就迸发出来了。"当时我就想通过自己的努力，帮助他们改变落后的生活。因为落后代表需求。"就这样，韩宇真的留下来创业了。

创业之初的艰辛难以想象。"最大的困难来自群众的不信任。"韩宇说，"我们做的是跟环保有关的，在当时还属于新兴行业，大家没有接触过，所以持怀疑态度，再加上当时市场小，产品需求量小，大家觉得这个企业没法存活下来。"群众的不信任表现在干活要求工资日结，这在无形中加大了企业运转压力。

那么，如何破解这一难题呢？为了赢得当地群众的信任，韩宇主动提出让大家参与到公司的整个运转环节中，从产品加工到销售，从技术岗到管理岗，只要有人愿意，他便毫无保留地传授经验。"我们做企业的,要让员工有参与感。"韩宇真诚地说道。

为了这一句承诺,他宁愿自己饿肚子。最难的时候,省下饭钱,给车子多加点油,自己当司机带着群众去见客户。"只有见到客户,大家才心里才有底,知道我开的不是皮包公司。客户看到我带着当地群众来,会觉得我们很有诚意。"说到这里韩宇笑了。

就这样,从只有3个人到400多人,公司规模越来越大,员工收入也从每月几百元涨到了七八千元。群众从要求日结工资到结算随意,韩宇终于兑现了当初的承诺。

韩宇用一句承诺换来了当地群众毫无保留的信任,也让他们在企业中有了高度的参与感。

2. 归属感

一晃时间到了2013年,企业迎来创新之年。他带着公司团队,花了近一年的时间,因地制宜,对产品升级改进,市场需求越来越大。这一次,工作推进得非常顺利,因为诚信之下,有坚实的人心做基础。

一个企业的存在,既有对员工的价值,更有对社会的价值。韩宇带领着整个公司,每年缴纳税费1 000多万元,在履行社会职责方面发挥了积极作用。

从几十万到2个多亿,公司体量快速增长的同时,韩宇着手企业人才梯队建设。"都说西藏是生命的禁区,很难留住人才,作为有社会担当的企业,必须正视这一点,进而打破。"

如何建设人才梯队?韩宇把眼光放在了本地大学生身上。"我们的企业和百姓的家庭是绑到一起的,他们的孩子从学校出来找工作难,就让他们回到家乡就业嘛。"韩宇说,"工作就是一条纽带,让他们在企业中拥有强烈的归属感,相辅相成。"

员工就像爱家一样爱企业,这让韩宇非常欣慰。当地群众也把他当成了最好的朋友。2017年的某一天,有位年近古稀的老人,背着自家种的土豆上门道谢。"当时我得知老人独自带着一个残疾儿子生活,经济条件很差,就帮他们家做了装修。只是我的举手之劳,没想到她一直记在心上。那一刻,我觉得所有的苦都值得。"韩宇说。

身在异乡,和当地群众建立起深厚的情谊,也被人惦记和关心,这是属于韩宇的归属感。

3. 成就感

在韩宇看来,创办一家企业,不是为了满足自己,而是回报社会。在过去的几年里,韩宇帮助3 000多人就业,每年精准帮扶4个乡镇700名贫困群众脱贫致富。如今,当地一座座藏式小院错落有致,村民们在乡村振兴的路上,日子越过越有奔头,越过越有滋味——这让韩宇非常有成就感。

在当地群众眼里,韩宇是一个言出必行的人。"韩总刚来的时候说要让我们村的人都

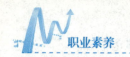

过上好日子,我不信,觉得这个外地人在吹牛。现在和他认识快10年了,我发现他是个说话算数的人,真的让我们村所有人过上了好日子。"林芝市巴嘎村村民扎西次仁说,"我家以前条件不好,每年靠夏天上山捡菌子过活。韩总来了之后,我就在他们公司跑运输,从来不拖欠工资。"如今,扎西次仁成了村里运输队队长,家里盖起新房,买了轿车,日子比蜜甜。

而员工周显宇说起他们的韩总,更是赞不绝口。"韩总是一个有大格局的人,非常有人格魅力,在这里工作几年,他教会了我很多。"

面对赞誉,韩宇谦虚地说:"我只是做点力所能及的事而已。"

不难看出,这是一场双向成长。

但在韩宇看来,不仅要让大家伙儿的腰包更鼓,还要让大家的思想更富。"所以,我们计划围绕技能培训,不断拓展员工认知,更高频地与内地挂钩。"韩宇说。

韩宇还有一重身份是三亚市企业家协会会长,他看准了错峰旅游这一契机。"让当地群众吃上旅游饭,也是我的一个心愿。夏天到西藏,冬天到三亚,两省(区)可以合作,将人才、物流充分调动起来。而且我们做的是环保建材,一直在积极与旅游市场对接,相信一定能开辟出一片新天地。"

用诚信的方式对待市场、员工和百姓——这是西藏自治区林芝润鑫实业有限公司的企业文化,也是韩宇自始至终坚守的信念。"信守承诺,企业才能立得住行得稳。兑现对老百姓的一项项承诺,就是诚信。而所有诚信是相互的,是用时间积累起来的,所以,我要用一生去捍卫。"韩宇的话掷地有声。

(资料来源:http://credit.cbs.gov.cn/tslm/cxwh/cxrwgs/202201/t20220129_764453.html)

你能做到诚信吗?

1. 训练内容

进行诚信测试。加强诚信教育,构建和谐校园。

2. 训练目的

(1)加深对诚信内涵的理解。

(2)分析自己在面对失信现象时的心理状态。

3. 训练要求

请如实回答以下问题,然后参考后面的计分标准打分,并按照给予的建议加以训练。

(1)当周围同学的喧闹使你不能集中精力学习时,你会怎样?

A. 感到心烦，在心里抱怨。

B. 向他们提出你的不满。

C. 另外找一个清净的地方。

（2）《韩非子》中的寓言：宋国有个富人，一天下大雨把他家的墙淋坏了。他儿子说："不修好，一定会有人来偷窃。"邻居家的一位老人也这样说。晚上，富人家里果然丢失了很多东西。假设你就是那个富人，你会怎么想？

A. 自认倒霉。

B. 运用法律武器，立即报告官府，擒拿偷盗的人，维护自我合法权益。

C. 儿子很聪明，怀疑是邻居家老人偷的，找他理论去。

（3）在无人监考的大学生英语四级考试中，你遇到了许多不会做的题目，这时你会怎么做？

A. 看实际情况吧，能抄就抄，抄不了就算了。

B. 不会做就不会做，绝不看别人的，说不定有监控器呢。

C. 东张西望，力争抄到答案，不然就不及格，也就拿不到毕业证书，多可怕呀。

（4）在饭堂打饭时，周围人太多，服务员没留意到你是否打卡，而实际上你却没打卡，这时你会怎么做？

A. 和她开个玩笑，装着没看见，一走了之。

B. 人家食堂也不容易，自觉地打卡。

C. 义正词严地说：我打过卡了。

（5）在教室的课桌上，你（或者和同学）发现了上节课同学落下的手机、iPad、戒指等贵重物品，这时你会怎么做？

A. 携物私藏，换个座位，淡然处之，全当物品不在自己身上。

B. 感谢上帝给我一次做好事的机会，等待失主的到来。

C. 反正是失主自己忘掉了，丢失活该。

（6）诚信、成人、成才是辩证统一的关系。诚信是基础，然后才谈得上探索如何成人与成才。你认为下面哪句话最能概括三者关系？

A. 车无辕不行，人无信不立。

B. 有德有才者，谓之君子；有德无才者，谓之贤人；有才无德者，谓之小人。

C. 成在学、思、行，行在诚、实、信。

（7）助学贷款是国家为支持和鼓励家境贫寒的学生完成大学学业而设立的无担保抵押、无质押的纯粹意义上的信用贷款，其偿还完全取决于学生个人信用。有些高校贷款的还贷违约率超过 20%，令学校和银行方面有苦难言。你觉得影响贷款同学还贷的最主要的因素是什么呢？

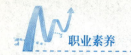

A. 是否偿还都无所谓的心理，反正国家也无法制裁自己，坚持能拖就拖、能赖就赖的想法。

B. 个人或者家里出现问题，以致不能按期还款。

C. 毕业后一定时期内的收入不足以偿还贷款。

（8）爱情是校园里永恒的话题，它常谈常新，永不褪色。如果你在大学期间谈恋爱，你的想法是什么？

A. 玩玩而已，不会投入很深的感情，以后定会遇到更合适的。

B. 对感情负责，认真投入，真心实意地恋爱，不求回报。

C. 过程比结果更重要，只在乎曾经拥有，不在乎天长地久。

（9）在填写个人材料（如档案、履历表）时，你会怎么做？

A. 为包装自己尽量虚构。

B. 在必要时可适当虚构，不必绝对诚信。

C. 自己会如实填写，绝对诚信。

（10）怎样才能提高学生诚信意识，实现校园诚信呢？

A. 主要靠国家、靠社会，大社会诚信了，校园这个小社会自然也就诚信了。

B. 学校要严把思想教育关，把"诚信"纳入课堂教学。

C. 学生自身要不断提高对诚信必要性和意义的认识，维护校园诚信。

计分标准：

上述题目1~5题选B得2分，选A得1分，选C得0分；6~10题选C得2分，选B得1分，选A得0分。

测试解析：

0~7分，你的诚信度不算高，假如你还没有真正意识到这一点，则需尽快开始对诚信品质的养成，需要从小处、细节处入手。

8~15分，你的诚信度还算可以，显得比较有涵养，在许多方面能保持诚信。

16~20分，你是一位诚信度很高的人。你能充分意识到别人面临的困难，理解他们的难处。你可能会遭到别人暂时的不理解，但你仍不会同他们发生争执，你最终会成为许多人喜欢的朋友。

项目十　培养感恩心态

感恩心态是一种平凡而崇高的品质，要做一个感恩的人。用感恩的心去工作，才能在坚守中收获更多。

任务一　做一个心怀感恩的人

感恩——人生最美的补偿

有一个销售奇才，他经常给自己的下属分享自己的成功秘诀。当年，他还只是一名牛奶推销员，为了推销牛奶，每天骑着自行车奔波在城市的大街小巷。当时人们大多喝的还是订的玻璃瓶的早餐奶，纸质包装的早餐奶刚刚推出，还不被人们认可。虽然他每天东奔西走到处宣传，但收获并不是很大，最初的一个月，他只推销出去了15袋。销售的月薪很低，只有象征性的300元，其他主要靠赚取绩效工资，每推销出一罐牛奶提成5角钱。第二个月，他新联络到32个客户。第三个月，他依然满怀信心地奔波着。

这天，他骑着自行车驮着牛奶去给5 000米外的一家居民送货。其中有一户家里只有一位坐在轮椅上的老奶奶，他将牛奶交给老人家后顺便也帮老奶奶将堆在门口的一个简易木床搬到了房间里。在他放好木床等待老奶奶签收的时候，老人家的电话响了。原来是老奶奶家的外地客人来了，客人因为不知道老奶奶家的具体位置让人去车站接。而那张木床也是为客人准备的。但不巧的是老奶奶的儿子还在单位上班，保姆又刚刚出去买菜了，老奶奶很是为难。他自告奋勇地表示他可以去帮助老人接客人。他下了楼梯，到火车站将老奶奶的客人接了回来。一周后，他不断接到老奶奶周围邻居的订奶电话。两周后，老奶奶的儿子打来电话，表示他所在公司决定为员工增加福利，每天都要订几箱奶。此后，不断有新的订奶电话打来，说都是那位老奶奶和她的儿子介绍来的。第三个月，他的推销成绩突

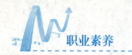

破了历史纪录。

他想到自己的成功应该感谢老奶奶。而老奶奶却笑着对他说道："你应该感谢的是你自己，因为你帮助了我，我就将你介绍给了我的邻居和我做经理的儿子，建议他们都尝试一下你推荐的牛奶。因为像你这么善良的人，一定是一个值得信任的人。"后来他的业绩越做越大，公司还专门为他配了车。而他出色的能力和优秀的品德也最终为他赢得了市场总监的职位。

任务启示

读完这个案例，我们可以感受到这位推销员的高尚。爱默生说：人生最美丽的补偿之一，就是人们真诚地帮助别人之后也帮助了自己。所以，伸出你的手去帮助别人，不要伸出脚去试图绊倒他们。一个与人为善、用心做事的人，也许会暂时吃亏，会遇到一些磨难，但胜利最终是属于他们的。

尽管我们为衣食住行所花的钱都是自己或父母辛辛苦苦挣来的，但是当我们在享受这一切的同时，难道不应该去感谢为我们提供这些便利的人们吗？也许你现在的工作并不是自己最喜欢的，但你难道不应该感激这份工作给了你从未有过的体验和锻炼吗？我们的确应该对周围的一山一水、一草一木心怀感恩，对那些维系我们生命的一餐饭心怀感恩，对那些曾经给予我们关怀和帮助的人心怀感恩！

任务目标

1. 主动培养感恩的心态。
2. 学会用感恩的心态面对生活、朋友和家人。

任务学习

一、感恩生活，知足常乐

弱水三千，只取一瓢饮。就好像人生，只要懂得"知足常乐"，不仅能增添生活的乐趣，生活也会因此越来越美丽。大哲人老子说过："祸莫大于不知足，咎莫大于欲得。"

欲望与生俱来，人人都有。物欲太盛会永不知足，精神也永无宁静，自然就永无快乐。在现实生活中，我们需要理性看待欲望。唯有保持一颗清凉之心，能理性看待欲望，人才不会误入歧途。

世事如棋，需要选择和放弃的太多，关键是明白选择什么、放弃什么。衡量的天平不是高，不是大，不是全，而是合适，是知足。合脚的鞋才能让我们健步如飞，感恩生活才会让我们幸福一生。

二、感恩父母，赐予生命

父母赐予我们生命，无私地养育我们，尽孝道是我们不可推辞的责任。不要将父母对我们的关爱认为是理所当然的。父母要的不是我们能够给他们什么，而是我们的一片孝心。

在平常的生活中，或许我们一次次地伤害过他们，或许一次次地令他们失望过，但他们始终保持宽容与鼓励。父母的养育之恩是我们一辈子也报答不完的，平常一个小小的礼物，一个问候的电话，就可以令他们喜不自胜。相反，我们生活中有不少人，连自己父母的生日都不记得，有的甚至根本没有问过。

父母的爱，伟大而深厚，这种爱可以渗透到我们的内心，让我们永远不敢忘记、不能忘记；这种爱会陪伴我们一生，我们无论什么时候想起，都会在心中泛起片片涟漪。但我们有时也会遗憾，遗憾没有大声说出对他们的爱，没有让父母感受到我们的感激之情，没有让他们及时分享我们成功的喜悦。

"树欲静而风不止，子欲养而亲不待。"尽孝要趁早，切勿给父母或自己留下人生中最大的遗憾。

三、感恩朋友，真诚帮助

朋友，对每个人来说是不可或缺的。提到友情，常常会触动每个人心灵的柔软之处。人的一生需要多种感情来慰藉心灵：如亲情、爱情，还有友情。往往对我们帮助最大的不是朋友们的物质帮助，而是得到朋友们的精神支持，这种支持能够医治受伤的心灵，给我们带来希望。

在成功的道路上，自身的努力拼搏当然是最重要的力量，但是如果成功时旁边没有人为你摇旗呐喊，摔倒时没有人伸手将你扶起，孤军奋战的你一定会被痛苦压倒，被孤独打败。所以，人生在世，拥有朋友的日子是幸福的。工作和生活中，我们或多或少都会遇到令人心烦意乱的事情，此时，总有他们在帮助我们、鼓励我们，甘愿做我们倾诉的对象。我们理应对朋友的关怀、信任、宽容和善待心怀感恩。

感恩朋友，因为他们可能对我们的人生发展起到推动作用。另外，朋友的言行也是我们的一面镜子，可以暴露我们的缺点，使我们能自我反省。朋友如醇酒，味浓而易醉；朋友似花香，淡雅且芬芳。感恩朋友，善待朋友，便是给自己架设了一座通往成功的桥梁，同时也是为自己构筑了一座幸福的楼台。学会感恩朋友如图10-1所示。

图 10-1 学会感恩朋友

四、感恩磨难，学会坚强

《孟子》中有这么一句耳熟能详的话："天将降大任于是人也，必先苦其心志，劳其筋骨，饿其体肤，空乏其身，行拂乱其所为，所以动心忍性，增益其所不能。"可以说每个人的一生都不可能一帆风顺，都会遭遇这样或那样的困苦和磨难。梁启超先生有句名言："患难困苦，是磨炼人格之最高学校。"这句话给了我们很好的启示。我们应该感恩各种磨难，学会坚强；在艰难困苦面前，不能抱怨，不能自暴自弃；我们要将困苦和磨难看成是人生最宝贵的一笔财富，看成是磨炼我们人格的最好学校。

"宝剑锋从磨砺出，梅花香自苦寒来。"磨难是蹲在成功门前的看门犬，怯懦的人逃得越急，它便追得越紧；磨难宛如天边的雨，说来就来，你无法逃避；磨难又似横亘的山，赶也赶不跑，你只有跨越，只有征服。只有这样，生命中所有的艰难险阻才能成为通向人生坦途的铺路石。

现实生活中有很多磨难：有先天的肢体缺陷，有后天的意外伤害；有各种失利，也有很多无法改变的结果；有羞辱、有责骂，也有重重误会；有情感失败，还有家人的不理解……面对这么多的逆境、失败、苦难，我们不要害怕，更不要因此而消沉萎靡。我们要感恩磨难，是磨难让我们学会了隐忍，学会了坚强；是磨难让我们学会了坚持，学会了耐心地做好每一件事情；是磨难让我们学会了上进，学会了在工作中不断超越自己；是磨难让我们学会了豁达，学会了在生活中的包容和乐道。

不经历风雨，怎能见彩虹。人生的路，总是弯弯曲曲、高低起伏，磨难坎坷时常来袭。

磨难既然无法避免，不妨把它当作一次挑战，勇于迎接挑战，从苦难中汲取力量。把接受挑战战胜困难当作我们的责任；在挑战面前，时刻保持永不言败的心态。惭愧而不气馁、内疚而不失望、自责而不伤感、悔恨而不丧志，在磨难中踏出一条新路，勇于去摘取成功的桂冠。

五、感恩幸福，懂得珍惜

幸福是什么？一千个人就会有一千种答案。在需要时及时得到是幸福，失而复得也是幸福。珍惜得到的一切，珍惜拥有的一切，感恩生活，感恩造物主，幸福就是此时此刻我们能拥有的和已经拥有的一切。

幸福本没有绝对的定义，许多平常的小事往往能撼动你的心灵，能否体会到幸福只在于你怎么看待它。古罗马历史学家塔西佗说："当你能够感觉你愿意感觉的东西的时候，能够说出你感觉的东西的时候，这是非常幸福的时候。"生活中常有这样的时刻，如果你稍加注意，就会发现幸福就存在于我们生活的点滴之中，只要我们用心去体验，就能闻到它的味道，那感觉就溢满心间。

没有阳光，就没有温暖；没有雨露，就没有五谷的丰登；没有水源，就没有生命；没有亲情、爱情和友情，就没有爱的温暖相伴。因此我们应该珍惜，珍惜每一次花开，善待每一步停留；珍惜生活的赐予，感恩生命的一呼一吸；即使是一无所有也无可抱怨，因为至少我们来到了这个世界，我们拥有了生命。

感恩，是一种回馈生活的方式，它源自对生活的爱与希望；它是我们的力量之源、爱心之根，是我们成就阳光人生的支点、获得幸福生活的源泉。感恩父母的养育呵护，让我们体验了生命的精彩；感恩师长的传道授业，让我们远离了蒙昧；感恩朋友的风雨同舟，让我们渡过了难关；感恩生命的存在，让我们得以感受人间的关爱；感恩自然的多姿多彩，让我们拥有了生机勃勃的世界……感恩让大爱在人们中间传递，让我们的生活充满灿烂的阳光。心中有爱，世界才有色彩；心中有感恩，生活才有希望。学会感恩，才能拥有真正的快乐，拥有幸福的人生。

学会感恩，培养感恩心态，不仅意味着要培养宽广的胸襟和高贵的德行，还意味着要学习能愉悦自我的智慧。感恩是积极的思考和谦逊的态度，当一个人懂得感恩时，便会将感恩化作一种充满爱意的行动。感恩不是简单的报恩，它更是一种责任，一种追求阳光人生的精神境界！一个人会因感恩而感到快乐，一颗感恩的心就是一粒和谐的种子。我们只要怀有一颗感恩的心，就能发现生活的美好、世界的美丽，就能永远快乐地生活在真情的阳光里！

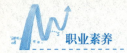

做个懂得感恩的人

1. 训练内容

阅读下面的寓言,体会其中蕴含的意义。

2. 训练目的

(1) 能对自己的现状进行剖析。

(2) 通过寓言,解读感恩的重要性。

3. 训练要求

请仔细研读下面的寓言,同学间相互探讨,自我剖析,说出故事的启示。

天使问诗人:"你不快乐吗?我能帮你吗?"诗人对天使说:"我什么都有,只欠一种东西,你能给我吗?"天使回答说:"可以。你要什么我都可以给你。"

诗人直直地望着天使:"我要的是幸福。"

这下把天使难倒了,天使想了想,说:"我明白了。"

然后天使把诗人所拥有的都拿走,拿走诗人的才华,毁去他的容貌,夺去他的财产和他妻子的性命。天使做完这些事后,便离去了。

一个月后,天使再回到诗人的身边,他那时已经饿得半死,衣衫褴褛地躺在地上挣扎。于是,天使把他的一切都还给他,然后,又离去了。

半个月后,天使再去看诗人。这次,诗人搂着妻子,不断地向天使道谢。

因为,他得到了幸福。

任务二　懂得感恩,才能成就自我

"三个一工程"要不得

"毕业几乎等于失业"的压力压在了一名大学毕业生小张的身上,经过苦苦寻觅,他终于找到了一份做销售的工作。但令人遗憾的是,小张并没有珍惜这份来之不易的工作:早晨的闹铃响了好几遍了,他还没有起床的意思,并且,脑子里第一个感觉就是——痛苦的一天又开始了。他匆匆忙忙地赶往公司,早餐也顾不上吃。跨入公司大门,还是神情恍惚，坐在会议室，迷迷糊糊地听着经理布置工作……一天的痛苦工作之旅就这样开始了。

小张上午拜访客户，结果遭到拒绝和冷遇，心情简直糟透了，仿佛世界末日即将来临。下午下班前回到公司填工作报表，胡乱写上几笔就拿去交差……一天就这样结束了。

平时没有花时间学习，从不好好研究自己的产品和竞争对手的产品，没有明确的计划和目标，从不反省自己一天做了些什么，有哪些经验、教训，从不认真去想想客户为什么会拒绝，有没有更好的方法去解决，在销售产品的过程中应为客户带来什么样的服务，当一天和尚撞一天钟，混一天算一天……这就是小张职场生活的真实写照。

到了月底一发工资，才这么点，真没意思，看来该换换地方了，于是小张很牛气地辞职了。一年下来，他换了五六家公司。日复一日、年复一年，时间就这样耗尽了。结果还是"三个一工程"：一无所获，一事无成，一穷二白。

任务启示

有这样一句名言："勿以小嫌疏至亲，勿以新怨忘旧恩。"案例中小张造成"三个一工程"的症结就在于一个字"怨"。抱怨会导致我们不负责任地工作，不负责会给公司带来损失，但损失更大的是我们自己。老板或许并不了解每个员工工作的细节，但是一位优秀的员工很清楚，对工作负责最终会带来什么样的结果。可以肯定的是，升迁和奖励是不会落在那些不负责任的员工头上的。相反，那些勤奋、积极、敬业的员工往往会在工作中受益匪浅：在精神上，他们获得了快乐和自信；在物质上，同样获得了丰厚的报酬。

在懂得感恩的员工的"职场字典"中，任何一份工作都不是"鸡肋"，而是机遇。他们明白这些工作都是在为自己积累经验，储备力量。机遇藏在每一份工作中，也藏在每一个任务背后。任务和机遇看似毫无关联，实际有着密切的联系。当我们学会感恩，以感恩的心态对待每一项任务时，我们就会充满激情，会表现得积极主动。因此，如果我们想有所成就，就不能坐等命运垂青，而是要抓住每一个机会，主动迎着任务上前。

任务目标

1. 学会以感恩的心态去工作。
2. 在实际生活中学会感恩。

一、把工作当成自己的事业

一个懂得感恩的员工不仅把工作当成一种职业，更把它当成一种事业。不懂得感恩的员工是既可悲又可怜的，他们只是把工作当成一件差事。对"工作等于事业"的人来说，工作意味着执着追求，力求完美；而对"工作等于差事"的人而言，工作则意味着出于无奈不得已而为之。

职业就是事业！只有把工作当成自己的事业，我们才能全身心地投入工作中去，工作才有激情，事业才能发展。只有时刻对公司给自己提供的锻炼机会心存感恩，你才会相信：自己所从事的工作是有价值、有意义的；工作中的压力和单调是可以战胜的；工作不再是一种负担，而是一种乐趣；自己的才华和人生价值一定会在工作中得到体现。把工作当成事业，就没有干不好的工作。懂得感恩，热爱自己的事业，成就自己的事业，我们才能无愧于社会，无愧于企业，无愧于家庭，无愧于自己。

有一个学习计算机的年轻人，大学毕业后四处求职，暑假过去了，他依然没有找到理想的工作，可是身上的钱却快用完了。

有一天，报纸上登出一则招聘启事，一家新成立的电脑公司要招聘电脑技术人员 10 名，但需要经过考试。年轻人感觉到机会来了，他在报名后就潜心复习，后来终于在 300 多名报名者中脱颖而出。

在走上工作岗位后，年轻人才真正意识到自己的知识欠缺得太多。公司每晚要留值班人员，家住本市的同事都不愿意值班，他就索性搬到单位住，包揽了所有值班任务。公司关门后，他就在办公室拼命地钻研电脑知识，比读大学的时候还勤奋。工作两个月后，他就已经成为公司的技术骨干了。

这时，年轻人的生活依然是艰难的。试用期三个月里每月只有几百元的工资，勉强够吃饭。可是这份工作来之不易，他懂得知足常乐的道理。他努力工作，表现得相当优秀。两年后，他考取了国际和国内网络工程师资格证书，成为一名网络工程师，得到公司领导的器重和同事们的好评。几年过去了，随着公司的发展壮大，不到 30 岁的他凭借出色的业绩在这家公司拥有了很高的职位，并拥有了一定的股份。

当人们问起他的成功经验时，年轻人谦虚地说："其实也没什么，就是我懂得感恩。

我知道这份工作来之不易，于是我每天都用几分钟的时间，为自己能有幸拥有眼前的这份工作而感恩，为自己能进这样一家公司而感恩。这样，我便有了前进的动力，再苦再累的活也难不倒我了。"

二、感恩领导的知遇之恩

有这样一个案例：同某是个很有才华的人，他从某知名大学毕业后，来到深圳某高新技术公司工作。刚参加工作的他，初生牛犊不怕虎，经过资料收集和实际的市场调研，他给公司老总写了一封信，信里提出了公司存在的问题和发展建议。公司老总读完后称其是"一个会思考并热爱公司的人"，对这个年轻人非常赏识，当即决定提升他为部门副经理。

设想一下，如果没有公司老总的慧眼识珠，同某的职业生涯可能不会如此顺利。许多成功人士的经历证明，领导的重用能使他们的成长如虎添翼。遇到一位和善且敢于授权的领导，我们在工作实践中会得到更多的锻炼和提高。

现实工作中总会有员工嫌薪水太少，却不反省自己做了多少事。因此我们唯一能够做的，便是认真地工作，不断地创新，热忱地服务，这也是对领导和自己最大的回报。在付出努力的同时，我们也获得了更多经验。我们成长过程中的点点滴滴都离不开领导的赏识和信任，因此，我们应该对领导心怀感恩。

三、感恩同事的支持和帮助

工作中，我们总会遇到各种各样的问题。当我们被这些问题深深困扰时，同事的支持和帮助会像一滴滴甘露洒入我们的心间，鼓舞我们振奋精神，勇敢地迎接困难的挑战。因此，我们应该心怀感恩，感谢同事的支持和帮助。

可以想象，如果没有同事的帮助，我们在单位里就会孤立无援，寸步难行。唯有怀着一颗感恩之心与同事一起工作，对同事一点一滴的帮助都铭记于心，在同事遇到困难时乐意帮忙，甚至愿意付出更多，我们的职场道路才会更加顺畅，自身也会从中得到更多的快乐。

所以，我们要学会感恩自己的同事。工作中，要加强与同事间的合作，多与同事沟通，平等友善地对待每一位同事，虚心接受他们的批评，做一名敢于承担责任的好"搭档"。如此，公司才能获得良好的发展，员工个人才能实现自己的人生价值。

四、心怀感恩，每天多做一点点

职场上有这样的真理：付出一点，便能够得到一点。往往是点滴的小事造就了优秀的

职场人才。对领导分配的任务,能圆满解决的人,就是真正有能力的人。一个人的能力决定了他的成绩。有时候,你只需要多做一点点。而在我们身边,有很多人忘记了这一点,整日怨天尤人。看见别人升职,怨领导有眼无珠;没有得到领导重用,怨自己怀才不遇;没有成功,怨自己生不逢时……这种人不能正确看待问题,不会检讨自己,只会发牢骚,把精力都花在抱怨上去了,工作质量可想而知。

工作经验源于学习,源于实践,每天多做一点,就能比别人多进步一点,升职加薪的机会也多一点。

每天多做一点点,就是成功的开始;每天创新一点点,就是领先的开始;每天进步一点点,就是卓越的开始。人生的卓越不仅在能知,也在能行。只要我们树立远大的人生目标,脚踏实地,坚持不懈地奋斗,就一定能走向成功。

五、比领导更积极主动

每个领导都喜欢积极主动的员工,每个同事也愿意与积极主动的人共事。比领导更积极主动地工作,是促使你职场成功的法宝,也是你感恩公司、感恩领导的最佳诠释。

积极主动是一种行为美德,更是一个人在职场中应有的工作态度。一个优秀的员工在工作中应该永远保持积极主动的精神,要把公司当成自己的家,把公司的事当成自己的事,时刻以主人翁的态度工作和要求自己。所以,从现在开始,你应该不必等领导交代就能尽到自己应尽的职责。那样,你不但会得到领导的赏识,还会在同事中获得良好的口碑。在职场中,拥有了良好的口碑就相当于拥有了一笔看不见的巨大财富。

职场中有四种人:第一种人能够主动做自己该做的事;第二种人是在有人告诉他该怎样做之后,他就立刻去做;第三种人只有当别人催促他的时候,他才会去做自己该做的事;第四种人从来不会主动去做自己该做的事,就算有人手把手地教他怎么做,他也不会去做。在推崇主动做事、勤思考、敢创新的现代职场中,第一种人就可以在职场中保持优势地位,取得卓越成绩;第二种人只能算是一个听话的员工,几乎不可能被领导看重和提拔;第三种和第四种人只会将自己推向失业的境地。

那么,怎样在工作中做到比领导更积极主动呢?首先,要有主人翁的心态,能主动发现工作中的问题和不足,从而先于别人去思索去解决。做到这一点的关键是有进取心。进取心能够驱使一个人在无人监督的情况下主动去做自己该做的事。进取心强的员工在工作时,不会有压力,而是把工作当成乐趣。想让自己成为一个有进取心的人,就必须先克服做事拖拉、懒散的恶习,养成立即行动的好习惯。永远不要把今天的事情留到明天去做,那样你只能永远等待下去了。要知道,像"明天""下星期""将来"之类的词跟"永远不可能"有相同的意义。

六、忠诚与感恩如影随形

感恩是一种美德,心怀感恩的人总是乐意回报他人,甘愿付出更多,勇于承担责任,工作尽心竭力,而尽心竭力地工作正是忠诚的要义。诸葛亮感恩刘备三顾茅庐的知遇之恩,忠诚履职,成就了三足鼎立的霸业,更有《出师表》流芳百世,启迪后人。

现代企业在招聘员工时,看重的不仅是能力,还有忠诚度。这是因为一个人的能力可以在后天工作中培养,而改变一个人的品质却十分困难。

作为一名员工,对企业感恩,最好的回报就是尽自己最大的努力认真做好每一项工作,对公司忠诚。即便是争论一个问题时,员工也要把自己真实的想法告诉对方,不管对方是否喜欢,意见是否一致。但是,当争论终止、做出决定的那一刻起,员工就必须按照决定去执行。当然,只有心怀感恩的忠诚,才是真正的忠诚,才是经得起考验的忠诚。军人忠诚于国家,国家才会国泰民安;员工忠诚于企业,企业才会蒸蒸日上;下级忠诚于上级,政府才会政令畅通。工作中,只要我们每一个人常怀感恩之心,忠诚于自己的岗位,忠诚于自己的工作,我们就一定能够在工作上突飞猛进,在事业上大展宏图。

总之,当你尝试着对自己的工作负责的时候,你的生活会因此改变很多,你的工作也会因此而改变。要改变生活和工作,首先要改变你的工作态度。敬业、主动、负责的工作态度和精神会让你的思路更加开阔,工作更积极。

重视自己的工作吧,从小事做起,一点一滴地积累,你会发现自己离成功不远了。工作是我们衣食住行的保障,感恩是激发我们工作能量的源泉。不管什么时候,我们都要把感恩之心融入所从事的工作中,那么我们的工作激情才会被点燃,工作能量才会得到释放,工作质量才会得到提高。

感恩就意味着责任,没有责任感的学生是不懂感恩的学生,没有责任感的老师是不懂感恩的老师,没有责任感的员工是不懂感恩的员工。感恩让人的内心萌生责任意识,责任意识会让我们每一个人表现得更加卓越。

学会感恩之歌——《感恩的心》

1. 训练内容
自己利用业余时间,学习演唱歌曲《感恩的心》。

2. 训练目的
(1)用歌声传递情感。

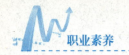

（2）体会歌词深意，用心歌唱。

（3）真心抒发感恩情怀，引起共鸣。

3. 训练要求

学会演唱，体会歌词表达的感情。

附：《感恩的心》歌词

感恩的心

我来自偶然，像一颗尘土，
有谁看出我的脆弱？
我来自何方？我情归何处？
谁在下一刻呼唤我？
天地虽宽，这条路却难走，
我看遍这人间坎坷辛苦，
我还有多少爱？我还有多少泪？
要苍天知道，我不认输！
感恩的心，感谢有你，
伴我一生，让我有勇气做我自己！
感恩的心，感谢命运
花开花落，我一样会珍惜！

项目十一 养成友善品格

与人为善是一种高尚的道德情操,是一种温暖人心的力量;善待别人也就是善待自己,学会微笑,学会成人之美将有助于养成友善的品格。

任务一　用友善的眼光看世界

将　相　和

廉颇者,赵之良将也。赵惠文王十六年,廉颇为赵将,伐齐,大破之,取阳晋,拜为上卿,以勇气闻于诸侯。蔺相如者,赵人也,为赵宦者令缪贤舍人。

既罢归国,以相如功大,拜为上卿,位在廉颇之右。廉颇曰:"我为赵将,有攻城野战之大功,而蔺相如徒以口舌为劳,而位居我上,且相如素贱人,吾羞,不忍为之下。"宣言曰:"我见相如,必辱之。"相如闻,不肯与会。相如每朝时,常称病,不欲与廉颇争列。已而相如出,望见廉颇,相如引车避匿。于是舍人相与谏曰:"臣所以去亲戚而事君者,徒慕君之高义也。今君与廉颇同列,廉君宣恶言而君畏匿之,恐惧殊甚,且庸人尚羞之,况于将相乎!臣等不肖,请辞去。"蔺相如固止之,曰:"公之视廉将军孰与秦王?"曰:"不若也。"相如曰:"夫以秦王之威,而相如廷叱之,辱其群臣,相如虽驽,独畏廉将军哉?顾吾念之,强秦之所以不敢加兵于赵者,徒以吾两人在也。今两虎共斗,其势不俱生。吾所以为此者,以先国家之急而后私仇也。"廉颇闻之,肉袒负荆,因宾客至蔺相如门谢罪。曰:"鄙贱之人,不知将军宽之至此也。"卒相与欢,为刎颈之交。将相和如图11-1所示。

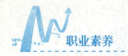

图 11-1 将相和

 任务启示

友善是社会主义核心价值观之一，它强调公民之间应互相尊重、互相关心、互相帮助、和睦友好，努力形成社会主义的新型人际关系。它不仅是个体的为人之道和道德修养，也是基于中华民族的生存环境与伦理环境而形成的道德规范，更是中国传统文化的重要范畴。

蔺相如认为将相不和会给秦国可乘之机，为了赵国国家利益，他选择友善、团结同僚，廉颇知道真相后负荆请罪，从此两人成为生死之交，共同保卫赵国，他们的故事令人感动。

 任务目标

1. 认识友善，坚守友善之初心。
2. 了解友善的内涵和广泛应用。

 任务学习

一、友善的丰富内涵

"友"，是一个会意字。在甲骨文中，字形是顺着一个方向的两只手，表示以手相助，本义就是朋友。作为动词时，"友"有结交、互相合作、予人帮助或支持的意思。所以，"友"不是抽象的朋友关系，它具有丰富的内容，是指像朋友一样对人亲近和睦、相互合作、彼此帮助。"善"也是一个会意字，从言，从羊。言是讲话，羊是吉祥的象征。所以"善"的本义为吉祥。"善"是中国传统的价值评判标准，也是最基本的道德准则，是人类区别于动物的独特品质。国学经典《三字经》（见图11-2）开篇首句便指出："人之初，性本善。"知耻、不贪、心存怜悯、宽容与谅解等善良的意识和行为是人类能够和谐相处的基础，也是人类社会发展前进的保障。

图11-2 《三字经》

中华传统文化历来强调"百行德为首，百德善为先"。儒家提出"仁者爱人"，佛家秉持"诸恶莫作，众善奉行"。能够与人和谐相处、对人宽厚、推己及人的人被视为君子。千百年来，"与人为善"的古训家喻户晓，"赠人玫瑰，手有余香"的思想老少皆知。古代贤哲对友善有过许多精辟的论述。孔子提出"君子成人之美，不成人之恶""己所不欲，勿施于人"等观念。孟子提出"老吾老以及人之老，幼吾幼以及人之幼"等主张。《易经》崇尚"地势坤，君子以厚德载物"，认为君子应仿效大地之德，以宽厚的德行承载万物。孟子曰："君子莫大乎与人为善。"认为与人为善是君子最高的德行。孔子的弟子子夏在"泛爱众"的基础上进一步提出："君子敬而无失，与人恭而有礼，四海之内，

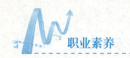

皆兄弟也。"这更是打破血缘、宗族甚至国与国之间的藩篱，不局限于亲朋好友和小集团，旗帜鲜明地倡导天下成为一家、世人和谐共处的观点。这些都是中国传统文化对仁爱友善的诠释。

友善是人类和谐相处的基础，也是人类社会发展前进的保障。党的十八大明确地把"友善"列为社会主义核心价值观之一。"友善"包含善待亲友、他人、社会、自然等。善待亲人可以使家庭关系和谐；善待朋友，善待他人，可以使人际关系和谐；善待自然可以使生态关系和谐。能否以友善的态度为人处世，不但体现着一个人道德水平的高低，同时也体现了一个民族素质的高低。

六 尺 巷

安徽桐城有一处历史名胜，叫"六尺巷"，这里流传着一段化解邻里矛盾的佳话。清朝康熙年间，文华殿大学士张英的家人与邻居叶秀才因墙基起了争执。张家地契上写明"至叶姓墙"，所以管家认为按地契可以把墙打到叶家墙根。可是叶秀才认为要留条路供人出入，两家为此就打起了官司。张家的管家写信向张英禀告此事，张英的回信是一首诗："千里传书只为墙，让他三尺又何妨！万里长城今犹在，不见当年秦始皇！"管家看了这首诗，明白了主人的意思，拆墙后退，让出三尺。叶秀才看到这首诗，十分感动，也把自家的墙拆了，后退三尺，两家之间就形成了一百多米长、六尺宽的巷子。从此，"六尺巷"的千古佳话代代流传。

二、友善的强大力量

《伊索寓言》中有这样一个故事（见图 11-3）：一天，太阳和风争论究竟谁比谁更有力量。风说："你看下面那个穿着外套的老人，我打赌可以比你更快地让他把外套脱下来！"说完后，便使劲儿向老人吹去，想把老人的外套吹下来，但它越吹，老人将外套裹得越紧。后来，风累了，没力气再吹了。这时，太阳从云的背后走出来，将温暖的阳光洒在老人身上，没多久，老人就开始擦汗了，并把外套脱了下来。于是，太阳笑着对风说："其实，友善所释放的温暖比强硬更有力量。"

太阳比风更快地让老人脱下外套，说明友善的态度更能温暖人心，进而感动对方，使其渐渐改变敌对的想法。友善有改变人的力量，使弱者感到力量，使悲哀者感到振奋。在一种和谐与温暖的氛围中，友善者与他人握手漫谈，态度真诚而庄重，声音轻柔，话语中透着人性的关怀和体贴，这是一味地咆哮和猛烈地攻击等强硬作为所望尘莫及的。

图 11-3 《风和太阳》

生活中,许多人明知彼此都需要友善的温暖、感情的温馨,却又常常用无端的猜疑将满腔的好感冰封在坚硬的面具背后。其实,只要你能真正付出你的爱,那么必定会赢得共鸣,使你从中感受到温馨,并拥有意想不到的收获。试想,如果你对他人没有真诚之心、毫无友善之举,又怎能期望从他人身上得到友善的回馈呢?

有一首诗很好地总结了友善的力量:友善是春天的滴滴雨露,滋润情感中的隙缝;是夏天的一缕清风,吹走人与人的误会;是秋天的落叶,搭建友谊的桥梁;是冬天的一杯热茶,让暖暖的温馨融入心房。

三、友善的广泛应用

《朱子家训》云:"善欲人见,不是真善"。韦思浩用他的行动诠释了什么是真善。他是一名退休教师,他不仅是杭州图书馆的常客,更是感动过无数国人的一名"拾荒老人",因意外离世,他的"秘密"才为世人所知。虽然他每月退休金有 5 000 元,但他还到外面去捡废旧报刊,原来他一直在资助贫困学生。他去世后大家在收拾遗物时,才发现包裹里有许多捐赠证书和信件。捐赠是从 1994 年开始的,从最初的 300 元到后来的 3 000 元,韦思浩一直用"魏丁兆"这个笔名默默地捐资助学。许多学生给他的信件都已经泛黄了,从近处的浙江景宁县,远到黑龙江孙吴县,到处都有他捐助的学生。他的铜像就立在杭州图书馆内。设计这座铜像的中国工艺美术大师朱炳仁说:"雕像采用简单硬朗的线条来体

现老人一种内在的精神力量,有棱有角的雕刻体现了老人的性格,用雕像的语言来讲述这位老人平凡却动人的故事。"

海子在他的诗里说:"从明天起,做一个幸福的人……陌生人,我也为你祝福;愿你有一个灿烂的前程;愿你有情人终成眷属;愿你在尘世获得幸福;我只愿面朝大海,春暖花开。"给迷路的异乡人指路,公共汽车上的一次让座,一份真诚的微笑,认真倾听一个失落的人细语诉说……这些看似不经意的举动,都充满了友善的影子,是爱的灵魂折射出来的人格光芒。

生活是一面镜子。当你面带友善走向镜子时,你会发现,镜中的那个人也正满怀善意地向你微笑;当你以粗暴的态度面对它时,你会发现,镜中的那人也正向你挥舞拳头。人生在世,每个人都可能说许许多多的"对不起":不小心挡了别人的路,不小心溅了别人一身泥,不小心伤害了别人的自尊心,不经意间做了伤害别人感情、损害别人利益的事……此时此刻,尤其需要友善。无意中伤害了别人,要以友善的态度,改正错误,真诚地赔礼道歉,以真诚的态度得到别人的谅解和信任。

友善是沟通心灵的桥梁,是连接情感的纽带,是保障和谐的基石;凭借友善,干戈可化玉帛;依靠友善,积怨能成亲情。法国文学大师雨果曾经说过这样一句话:"世界上最宽阔的是海洋,比海洋更宽阔的是天空,比天空更宽阔的是人的胸怀。"所以说,友善是博大的,能包容人世间的喜怒哀乐;友善是一种境界,能使人跃上新的台阶。我们生存的这个世界,是由矛盾组成的,任何人和事都不是尽善尽美的,我们要学会用友善的眼光看世界。

理解友善内涵,实践友善之举

1. 训练内容
以友善为主题,搜集素材,分组自行设计情境,向全班表演。

2. 训练目的
(1)理解友善的内涵。
(2)谈谈哪些行为是友善之举。

3. 训练要求
(1)按学习小组,以友善为主题设计情境,每组选几名同学上台表演,时间5分钟。
(2)情境的设计要主题鲜明,故事情节要完整。
(3)表演结束后,各组长介绍本组设计思路和表演特点,各组相互点评,教师打分。

任务二　友善待人，始于心，终于行

 任务案例

盛满爱心的午餐

下课铃响了，小朋友们欣喜若狂地拿出饭盒，准备美美地饱餐一顿时，一名小男孩脸上却写满了忧愁。他很清楚，他的饭盒里空无一物。尴尬难过的他举起手，假装要去上厕所。他走出教室，慢慢穿过安静的走廊，来到饮水机旁，大口大口地喝水，喝完又在窗边站了一会。想着同学们差不多吃完，小男孩回到教室，准备收起空饭盒。可当他拿起饭盒的那一刻，发觉异样的他打开饭盒，惊喜地发现里面装满了食物。他疑惑地环顾四周，同学们都装作什么也没有发生，也没有人特意过来跟他解释什么。贫穷的小男孩为了掩人耳目，每天带着空饭盒，看在眼里的小朋友们看破不说破。在小男孩走后，偷偷地在他饭盒里塞满了食物，给了他最有尊严的援助……看到饭盒里满满的午餐，愁眉苦脸的小男孩终于露出了笑脸。

（资料来源：https://www.meipian.cn/12wkb38b）

 任务启示

在工作和生活中人们总是会遇到这样或那样的困难和问题，雪中送炭的善举比锦上添花的关爱更令人心生感念、刻骨铭心。《礼记·檀弓下》记录着这样一个故事。有一年，齐国出现了严重的饥荒，黔敖在路边准备好饭食，以供饥饿的路人来吃。有个饥饿的人用衣袖蒙着脸，脚步拖拉，两眼昏昏无神地走过来。黔敖左手端着食物，右手端着汤，说道："喂！来吃吧！"那个饥民抬起头看着他，说："我正因为不吃别人施舍的食物，才落得这个地步！"黔敖追上前去向他道歉，但那饥民仍然不吃，最终饿死了。这个故事告诉我们表达善意，需要有爱，更需要尊重和方法。正如明末清初理学家朱柏庐所说："善欲人见，不是真善；恶恐人知，便是大恶。"

 任务目标

1. 待人友善，践行友善之美德。
2. 学会表达友善，微笑待人。

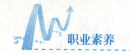

一、与人为善，微笑待人

有位诗人讲:"我最喜欢的一朵花是开在别人脸上的。"微笑是开放在人们脸上的花朵，微笑是升腾在人们心中的太阳，是一份献给渴望爱的人们的珍贵礼物（见图 11-4）。当你把它献给别人的时候，你收获的，除了友谊还有财富。

图 11-4　微笑的白领

与人为善意味着我们要从微笑做起，微笑是友善的最佳代言人。微笑，是人类最美好的表情。一位心理学家做过一个微笑实验，要求参加者每天必须对人微笑。一个月后有人感谢地说:"我每天坚持这样做。刚开始，大家觉得奇怪，后来习惯了。这个月我从中获得的快乐比过去一年都要多。"

微笑在人际交往中有巨大的作用，原因在于这微笑背后表达的信息是:你很受欢迎，我喜欢你，你令我开心，我很高兴看到你。试问，谁不喜欢这样的信息？

世界有名的希尔顿大酒店创始人希尔顿先生的成功，也源于他母亲的"微笑"教育。母亲曾经对他讲:"孩子，如果想要成功，就必须找到一种方法，符合以下四个条件：第一，要简单；第二，要容易做；第三，要不花本钱；第四，能长期运用。"究竟是什么方法？母亲笑而不语。希尔顿再三观察、思考，忽然找到了:是微笑，唯有微笑才能满足这四个条件。后来，他果然用微笑闯进了成功之门，将酒店开到了全世界各大城市。

希尔顿的故事告诉我们:善意的微笑虽不必花钱，却价值连城。每天上班前对家人微笑，他们会在幸福中盼着你归来；上班时对着门卫微笑点个头，他们会友善地还你一个欣赏与尊敬的微笑；每天看到同事主动微笑，打个招呼，你的受欢迎程度会大大提升。

当今社会，竞争愈来愈激烈，生活节奏越来越快，人们只顾着忙自己的事情，已经很少关心别人了。这种情况下，人们内心深处更需要别人的理解与关怀。此时，给他们一声问候、一个微笑、一个关心，满足了他们情感上的需要，他们则会用热情来回报你。

可见，微笑包含着丰富的内涵。朋友在一起时的自然微笑，是愉悦心情的流露；而朋友分离时送上一个依恋不舍的微笑，蕴含了言之不尽的美好祝福和无限的牵挂。陌生人在相见时微微一笑，可以减少隔阂，增加信任，放松气氛，临时打造一座沟通的桥梁。因此，一个不吝啬微笑的人，对他微笑的人也会更多。所以说，带着微笑出行的人不会感到孤独，带着微笑工作的人不会感到烦闷，带着微笑回家的人不会感到冷清。与人为善，对遇见的每个人微笑是我们开始践行友善的第一步。

另 一 只 鞋

一个小男孩拖着一只鞋走到一座车站边停了下来，想要修好坏掉的拖鞋。男孩抬头看了一眼，无意间看到了一只崭新的皮鞋，也许这只鞋的主人太喜欢自己的鞋子，每走一步都忍不住低头把它擦擦。这时，他看到在一列已经开动的火车上，掉了一只鞋子的人非常着急。小男孩第一次亲手触碰这样的新鞋，当他双手拿起鞋子时，神情庄重严肃，仿佛捧着一个宝物。小男孩打量着鞋子，他微微摇了摇头，看了看已经开动的火车，抿了抿嘴，毅然跑了出去，光着一只脚去追火车。直到筋疲力尽，还试着将鞋子扔出去，万一鞋的主人接到了呢。可是，没有。鞋子掉在地上，没能被火车上的主人接到，男孩沮丧地直跺脚。火车上焦急等着自己鞋子的人看到后，却抬起自己的另一只脚，将另一只崭新的皮鞋脱下并扔下火车，然后微笑着跟小男孩挥手。小男孩将两只新鞋捡起来放在一起，开心地笑着，抬头向着火车挥手，仿佛跟认识了很久的朋友告别。

二、友爱友善，关照他人

践行友善，首先需要提升自身的道德修养。因为友善的行为是我们内在的友爱和善念的外化。一个内心阴暗的人是不会有和善的态度和友爱的精神的。友善地对待他人、对待社会、对待自然，根源在于善良的内心和较高的素养。从个人品德的角度来讲，如何能做到友善呢？那就是要形成仁爱之心，以此作为友善的内在根基。只有内心有爱，才能真诚地给人提供帮助。因此，友善的动力来自内心的仁爱。子曰："仁者爱人。"只有自己内心有仁爱之心，才能够把这种爱传递给他人。

其次是我们要能够从心里尊重每个人，平等对待每个人。我们降临到这个世界上，"人"

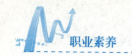

是我们的首要身份,这个身份对于每个人都是同等的,我们需要尊重他人的存在和他人的选择,将心比心,做到"老吾老以及人之老,幼吾幼以及人之幼"。我们要学会换位思考,想想如果你遭遇到同样的情况,你希望别人会怎么想、怎么做,这样你就能够理解他人,从而减少你对他人的误解,减少很多矛盾。

最后,还要做到"己所不欲,勿施于人"。

有了这三条,我们就能够做到对人一视同仁,这是友善的理想境界。

三、高风亮节,宽容大度

有些人遇事太较真,不管对什么都看不惯,身边的人没有一个能容得下,不能与人为善,这无异于孤立自己,远离集体,会造成与集体格格不入的尴尬局面。

做人固然不应玩世不恭、游戏人生,却也不能太较真、认死理。在高倍放大镜下看一面很平的镜子,也会看到凹凸不平;肉眼看着很干净的东西,拿到显微镜下看,也有很多细菌。试想,假如我们带着放大镜、显微镜对待生活,恐怕连饭也不敢吃了。

人非圣贤,孰能无过。因此,与人相处就应该相互体谅、相互理解,得饶人处且饶人。与人相处时只要我们遵循求大同、存小异的心态,有肚量、能容人,便会有越来越多的朋友,做事也会左右逢源,诸事遂愿;相反,假如我们凡事"明察秋毫",眼里揉不得沙子,不管什么鸡毛蒜皮的小事都要讲个是非曲直,容不得人,别人也会远远地躲着自己。最后,我们只有落得个关起门来"称孤道寡",变成让人避之唯恐不及的怪人。

生活中,与人为善,能以律人之心律己,不去苛求任何人,不较真,就是一种宽容。宽容并不是胆小无能的代名词,宽容是一种修养,是一种品质;宽容是一种伟大的人格,更是一种崇高的美德。做人不必太较真,宽容他人,也是宽容自己。人生如此短暂匆忙,我们没有必要把自己的精力用在一些毫无意义的琐事上。

四、谦恭和善,成人之美

孔子曰:"君子成人之美。""成人之美,与人为善"是孔子所提倡的一条关键的为人准则。人皆有美丑善恶,完人自古未有。假若紧紧抓住他人的缺点不放,只会让人际关系恶化。从某种意义上讲,成人之美体现了一个人高度的道德修养。尤其是对那些不仁之人,孔子仍主张不应记恨太甚。"人而不仁,疾之已甚,乱也!"(《论语·泰伯篇》)我们面对的即便是不仁之人,也应把握分寸,不讲一时之怨,也应试着先感化对方。化干戈为玉帛,不失为一种气度,一种胸怀,一种君子风范。

大家知道,首次登陆月球的太空人,其实共有两位,除去大家所熟识的阿姆斯特朗之外,还有一位叫奥尔德林。当时阿姆斯特朗讲过的一句话:"我个人的一小步,是全人类的一大步。"这早已是全球家喻户晓的名言。在庆祝月球登陆成功的记者会上,有个记者突然问奥尔德林一个十分特别的问题:"让阿姆斯特朗先下去,成为登陆月球的第一人,你会不会感觉有点遗憾?"在全场有点尴尬的注目下,奥尔德林十分有风度地答道:"各位,千万别忘了,回到地球时,我是最先出太空舱的。"他环顾四周又笑着讲:"因此,我是由别的星球来到地球的第一人。"所有人在笑声中给了他最热烈的掌声。

奥尔德林用成人之美的善念化解了尴尬,同时也真诚地分享了朋友的快乐。所以,只要是美的,不论大美小美都应接纳。孔子就是用这种乐善好施、与人为善的亲和力,去感召所有人,去组建他所追求的人与人之间真善美的理想关系。人与人之间的和睦相处,是每个时代都致力追求的。

其实,成人之美很简单。我们在生活中做到"勿以善小而不为"就可以了。不要因为同学不小心弄脏了你的新衣服而生气,不要因为食堂排队人多而选择插队,给公交车上的老人小孩让个座位,给擦肩而过的路人一抹微笑,给不小心做错事的朋友一次改过的机会,在图书馆自觉把手机调成静音……成人之美,我们能做的还有很多。

友善是社会主义核心价值观之一。作为一名大学生,友善不仅是我们要遵守的基本道德行为规范,而且是决定大学生成才、成功的关键因素。因此,每个公民都应从自己做起、从小事做起,以友善的态度与家人、朋友、同事相处,让我们的工作和生活充满友善,让世界因友善更精彩。

以实际行动践行友善价值观

1. 训练内容

参加一次公益志愿者活动。

2. 训练目的

弘扬志愿者精神,传承友善之风。通过帮助他人,锻炼自身,不断提高自身的社会责任感和实践能力。

3. 训练要求

(1)按学习小组,组织践行不同主题的友善活动。

(2)活动结束后,各组长分享心得体会。

参 考 文 献

[1] 吴吉明，王凤英. 现代职业素养 [M]. 北京：北京理工大学出版社，2018.
[2] 韩富军，贺立萍. 现代职业素养 [M]. 北京：北京理工大学出版社，2017.
[3] 孙园，王维燕. 匠心独具——工匠精神 ABC [M]. 南昌：江西高校出版社，2019.
[4] 李淑玲. 工匠精神：敬业兴企　匠心筑梦 [M]. 北京：企业管理出版社，2016.
[5] 曹顺妮. 工匠精神开启中国精造时代 [M]. 北京：机械工业出版社，2016.
[6] 邵建平，李平. 创新创业教程 [M]. 成都：电子科技大学出版社，2019.
[7] 周恢，钟晓红. 创新创业教育 [M]. 北京：北京理工大学出版社，2019.
[8] 王亚非，梁成刚，胡智强. 创新思维与创新方法 [M]. 北京：北京理工大学出版社，2018.
[9] 彭扬华，李岚，刘曙荣. 创新思维 [M]. 北京：北京出版社，2019.
[10] 王延荣. 创新与创业管理 [M]. 北京：机械工业出版社，2015.
[11] 宋贤均，周立民. 大学生职业素养训练 [M]. 北京：高等教育出版社，2021.
[12] 李兴洲，单从凯. 职业核心素养教程 [M]. 北京：北京理工大学出版社，2021.
[13] 阳立新. 大学生职业生涯规划与就业指导 [M]. 镇江：江苏大学出版社，2016.
[14] 伍大勇. 大学生职业素养 [M]. 北京：北京理工大学出版社，2011.